頂尖糕點
HAUTE
PÂTISSERIE

HAUTE
PÂTISSERIE

頂尖糕點：收錄全球最佳糕點主廚的100道作品

攝影
LAURENT FAU
洛宏・弗

藝術編排
COCO JOBARD
可可・喬巴

TK

L'excellence
DE LA HAUTE PÂTISSERIE

卓越的頂尖糕點

卓越一詞聽起來就是一種挑戰。這是法國甜點協會（Relais Desserts）超過三十年來秉持的抱負和承諾。

因此，本書就像是一種證明，傳達我們對糕點躍升為藝術等級的熱情，同時也傳承我們共同的理念與價值。專業的知識技能不僅展現在無與倫比的技術，更反映在個人的精神與氣度上。我們必須持續撰寫，並用精美的圖片來證明我們對卓越的追求和持續沸騰的創意。

構思與執行這本著作，讓我們與超過八十位來自全世界各世代的主廚進行集體創作，並讓法式糕點得以在全世界綻放光芒。

對法國甜點協會而言，如此寶貴的傳授過程中，向大眾公開上百種散發頂尖糕點氣息的獨特配方，並邀請各位一同探索最傑出甜點師，與巧克力職人的技巧與訣竅。改良的經典甜點或創新作品，變化為各種多層蛋糕、塔派、單人糕點、小點心或迷你糕點，展現出齊聚於此，每一位才華洋溢糕點師的個人特色，他們追求最優質的食材，以及讓人們品嚐第一口就能喚醒情感的味道。

測試、大膽嘗試、品嚐、咀嚼、夢想…，現在輪到你們分享這些美味的時刻，唯有糕點才能激發的感官樂趣！

Frédéric Cassel 費德烈克·卡塞
Président de Relais Desserts
法國甜點協會會長

目錄
SOMMAIRE

超凡入聖的蛋糕

Divins

LES GÂTEAUX

PERLE
珍珠

Pascal Lac 巴斯卡·拉克	6人份	前一天開始準備 準備：前一天20分鐘，當天40分鐘 加熱：前一天約10分鐘，當天約35分鐘 冷凍：12小時＋4小時

紅果庫利 Le coulis de fruits rouges 覆盆子果肉（pulpe de framboise）70克 ◆ 草莓果肉100克 ◆ 細砂糖25克 ◆ NH果膠3克＋細砂糖5克 ◆ 百花蜜（miel toutes fleurs）20克 **指形蛋糕體 Le biscuit cuillère** 麵粉30克＋馬鈴薯澱粉（fécule de pomme de terre）35克 ◆ 蛋白80克 ◆ 細砂糖60克 ◆ 蛋黃45克 **香草蛋糕 Le cake vanille** 麵粉65克 ◆ 泡打粉7克 ◆ 奶油14克 ◆ 室溫蛋60克 ◆ 細砂糖80克 ◆ 室溫液狀鮮奶油35克 ◆ 香草莢1/2根 **英式奶油醬 La crème anglaise** 牛乳180克 ◆ 香草莢1根 ◆ 蛋黃85克 ◆ 細砂糖40克 **香草慕斯 La mousse vanille** 吉力丁片8克＋水40克 ◆ 液狀鮮奶油45克＋液狀鮮奶油490克 ◆ 英式奶油醬（上方食譜）275克 **白色鏡面 Le glaçage blanc** 吉力丁粉7克＋水35克 ◆ 細砂糖240克 ◆ 水120克 ◆ 液狀鮮奶油260克 ◆ 葡萄糖80克 ◆ 無色無味的鏡面果膠80克 ◆ 奶粉60克 **完成 La finition** 未經加工處理的白玫瑰1朵 ◆ 覆盆子3顆 ◆ 熊草莖（beargrass）（花店購買）◆ 食用銀珠（perles d'argent）

紅果庫利

前一天，將覆盆子和草莓果肉，以及第一次秤重的糖一起煮沸。混合果膠和第二次秤重的糖。倒入備料中，加入蜂蜜，接著再度煮沸。將紅果庫利放涼至45℃。

指形蛋糕體

將旋風烤箱預熱至210℃（溫控器7）。將麵粉和馬鈴薯澱粉一起過篩。將蛋白打至硬性發泡，一邊慢慢加進糖，接著用刮刀混入蛋黃。倒入過篩的麵粉和馬鈴薯澱粉的混料，輕輕混合備料。將麵糊鋪在放有烤盤紙的烤盤上。入烤箱烤2至3分鐘。放涼，接著切成2塊直徑

16公分的圓餅。在鋪有保鮮膜的烤盤上擺上一個直徑16公分的塔圈。在塔圈底部擺上第一塊指形蛋糕體圓餅。刷上一半45℃的紅果庫利。擺上第二塊指形蛋糕體圓餅，接著刷上剩餘45℃的紅果庫利。冷凍保存至隔天。

香草蛋糕

當天，將麵粉和泡打粉過篩。
以小火將奶油加熱至融化。
將旋風烤箱預熱至180℃。
在攪拌盆中混合蛋、糖和液狀鮮奶油，但不需攪拌

至泛白。混入過篩的麵粉和泡打粉，接著是冷卻的融化奶油。將香草莢剖半，接著將籽刮下。將香草籽混入麵糊中。在鋪有烤盤紙的烤盤上擺上一個直徑16公分的法式塔圈，將麵糊倒入塔圈。入烤箱烤12分鐘。插入刀子檢查熟度：抽出時刀身必須保持乾燥。

英式奶油醬

將牛乳和剖半刮出籽的香草莢在平底深鍋中一起煮沸。在攪拌盆中攪拌蛋黃和糖至泛白。緩緩倒入牛乳，一邊攪拌。再倒回平底深鍋中，加熱，不停攪拌至溫度達83℃。將平底深鍋擺在裝有冰塊的攪拌盆中，放涼至50℃。

香草慕斯

將吉力丁片放入水中軟化還原。將第一次秤重的液狀鮮奶油煮沸，混入軟化並擠乾水分的吉力丁，將275克的英式奶油醬加熱至50℃加入攪拌至均勻，將第二次秤重的液狀鮮奶油攪打至形成打發鮮奶油，混入降溫至40℃的備料中。

白色鏡面

將吉力丁片放入水中軟化還原。水加入細砂糖煮至120℃，倒入液狀鮮奶油和葡萄糖，接著煮沸。離火後混入無色無味的鏡面果膠和奶粉。在備料達60℃，混入軟化並擠乾水分的吉力丁。為了形成全白的鏡面，可加入二氧化鈦（l'oxyde de titane）。

組裝

將一個直徑18公分、高4.5公分的圈模擺在網架上，網架擺在烤盤上。將香草蛋糕圓餅擺入圈模底部，接著倒入第一層香草慕斯。為刷上紅果庫利的指形蛋糕體圓餅移去塔圈。將指形蛋糕體圓餅擺在香草慕斯上。將慕斯鋪在表面和側邊。冷凍保存4小時。

完成

為冷凍蛋糕移去圈模。將蛋糕擺在置於烤盤的網架上。將白色鏡面加熱至24℃，接著小心地淋在蛋糕上。將玫瑰花瓣摘下，選擇3片漂亮的花瓣。沖洗熊草莖，切成3小段，小心地插入每顆覆盆子上半處，對稱地擺在每片花瓣上。撒上銀珠，冷藏保存至品嚐的時刻。

Vanille 香草

我們主要使用馬達加斯加的香草製作，因為它帶有香醋般的香氣和水果香，散發出強烈調性的可可豆風味。香草具150種芳香分子，已成為一種珍貴的香料。油脂高且多肉的馬達加斯加品種，是全世界最常使用的香草。在這道甜點裡，我們在英式奶油醬中加入香草，讓紅果的味道更突出，並為整體添加些許油脂的滑順口感。

VACHERIN
GLACÉ
法式冰淇淋多層蛋糕

Michel Bannwarth
米歇爾・班華斯

8人份

提前二天開始準備
準備：前二天2分鐘，前一天15分鐘，
當天1小時
加熱：前二天3至4分鐘，前一天5分鐘，
當天3小時
浸泡時間：2 × 24小時

香草冰淇淋 La glace vanille 牛乳250克 ◆ 大溪地香草莢（gousse de vanille de Tahiti）1根 ◆ 細砂糖35克＋細砂糖40克 ◆ 液狀鮮奶油50克 ◆ 蛋黃50克 **草莓雪酪 Le sorbet fraise** 細砂糖240克 ◆ 水140克 ◆ 草莓果泥（purée de fraises）250克 **蛋白霜 La meringue** 蛋白100克 ◆ 細砂糖（sucre cristallisé）30克＋細砂糖70克 ◆ 糖粉100克 **完成 La finition** 冰涼的液狀鮮奶油（脂肪含量35%）400克 ◆ 細砂糖25克

香草冰淇淋

前二天，製作香草冰淇淋。將牛乳和剖半的香草莢一起煮沸。倒入攪拌盆中。加蓋，浸泡至隔天。

前一天，將香草莢中的籽刮入牛乳中。將牛乳和液狀鮮奶油、第一次秤重的糖一起以平底深鍋煮沸。將蛋黃和第二次秤重的糖攪拌至泛白。將煮沸的牛乳和鮮奶油倒入蛋糊中，一邊攪拌。再倒回平底深鍋，以小火加熱。攪拌至奶油醬加熱達85℃，接著再持續加熱攪拌3分鐘。將鍋底浸入一盆裝了冰塊的冷水中，放涼。倒入攪拌盆中。加蓋浸泡至隔天。

當天，將蛋奶醬倒入雪酪機，依使用說明攪拌至成為冰淇淋。冰淇淋一製作完畢，就鋪在直徑18公分的塔圈中，塔圈擺在鋪有保鮮膜的小烤盤上，用抹刀將表面抹平。冷凍保存。

草莓雪酪

將糖和水煮沸，混入草莓果泥，倒入攪拌盆中，加蓋浸泡至隔天。

當天，將混合物倒入雪酪機中，依機器的使用說明攪拌至形成雪酪。雪酪一凝結，就鋪在直徑18公分的塔圈中，塔圈擺在鋪有保鮮膜的小烤盤上，用抹刀將表面抹平。冷凍保存。

蛋白霜

將旋風烤箱預熱至90℃（溫控器3）。當天，製作蛋白霜。將蛋白和第一次秤重的細砂糖攪打至發泡。持續攪拌，一邊將第二次秤重的細砂糖撒入，蛋白一旦打發至堅挺的狀態，就加入糖粉，持續攪拌至蛋白霜形成光澤。將蛋白霜倒入裝有鋸齒狀的香醍擠花嘴（douille crantée à Chantilly）的擠花袋，在鋪有烤盤紙的烤盤上擠出2個直徑18公分的蛋白霜圓環，在中央擠出格子紋的蛋白霜，接著在其中一個圓環周圍擠出點狀的蛋白霜。

入烤箱烤3小時，同時用湯匙卡住烤箱門，讓門保持微開。

完成

將液狀鮮奶油緩緩加入糖，攪打成鮮奶油香醍。將鮮奶油香醍倒入裝有鋸齒狀的香醍擠花嘴的擠花袋。將帶有圓點的蛋白餅基底擺在餐盤上，移去香草冰淇淋和草莓雪酪的塔圈，將香草冰淇淋和草莓雪酪圓餅擺在蛋白霜基底上，接著再蓋上另一片蛋白餅，接著依您個人的靈感為冰淇淋多層蛋糕整個擠上鮮奶油香醍，撒上細砂糖裝飾。立即品嚐。

Lait 牛乳

我們使用非常新鮮的有機生乳：這種特選的牛乳，需要非常精準地處理，以避免生食的風險，唯有有機的產品才能滿足需求。我們必須配合因乳牛飲食所形成牛乳味道和口感上的差異，但這樣的條件也構成牛乳美味的品質和豐富的油脂，為蛋奶醬帶來特別滑順的質感。

15年來，我們和距離工作坊8公里的酪農合作：晚上打通電話，請他們隔天早上幫我們送來…多麼新鮮！

ST-HO !
CARAMEL
AU BEURRE SALÉ
聖多諾黑鹹奶油焦糖

Sébastien Bouillet 塞巴斯蒂安・布耶	6至8人份	準備：30分鐘 麵團靜置：3小時 加熱：40分鐘

甜酥麵團 La pâte sucrée 室溫軟化的膏狀奶油100克 ◆ 糖粉160克 ◆ 細鹽2克 ◆ 蛋50克 ◆ 麵粉300克 **焦糖奶油餡 Le crémeux au caramel** 葡萄糖漿50克 ◆ 細砂糖100克 ◆ 全脂液狀鮮奶油200克 ◆ 半鹽奶油60克 **焦糖卡士達奶油醬 La crème pâtissière au caramel** 全脂牛乳240克 ◆ 奶油12克 ◆ 細砂糖25克＋細砂糖25克 ◆ 香草莢1根 ◆ 麵粉25克 ◆ 蛋黃50克 ◆ 焦糖奶油餡60克 **泡芙麵糊 La pâte à choux** 麵粉85克 ◆ 細鹽2克 ◆ 細砂糖3克 ◆ 奶油70克 ◆ 蛋160克 ◆ 水160克 **焦糖 Le caramel** 水30克 ◆ 葡萄糖漿30克 ◆ 細砂糖100克 **香草鮮奶油香醍 La Chantilly à la vanille** 全脂液狀鮮奶油300克 ◆ 馬斯卡邦乳酪（mascarpone）60克 ◆ 細砂糖40克 ◆ 香草莢1/2根

甜酥麵團

將室溫回軟的奶油放入電動攪拌機的攪拌缸中，加入過篩的糖粉和鹽，接著是蛋，用電動攪拌機攪打並加入過篩的麵粉，攪打幾分鐘至形成團狀。用保鮮膜包起，冷藏保存3小時。經過這段靜置時間之後，在撒有麵粉的工作檯上，將麵團擀至2公釐的厚度。

將旋風烤箱預熱至160℃（溫控器5-6）。將甜酥麵團放入直徑22公分的塔圈中。去掉多餘的塔皮，接著將塔圈擺在鋪有烤盤紙的烤盤上。用叉子在塔皮上戳洞。入烤箱烤約15分鐘。塔皮應烤至紅棕色。在室溫下放涼，接著將塔圈移除。

焦糖奶油餡

將葡萄糖煮沸，接著分4次倒入細砂糖。每次加糖後，讓糖自行融化，不要攪拌。但如果糖開始上色的話就攪拌。在小型平底深鍋中加熱鮮奶油，在焦糖變為紅棕色且表面稍微起泡時，倒入熱的鮮奶油，同時小心滾燙的液狀賤出。煮至103℃，接著在室溫下放涼。用手持式電動攪拌棒將焦糖攪打至平滑。

焦糖卡士達奶油醬

在平底深鍋中加熱牛乳、奶油、第一次秤重的細砂糖和剖半刮出籽的香草莢。在攪拌盆中混合第二次秤重的細砂糖和麵粉，接著加入蛋黃。倒入一部分的熱牛乳，快速攪打，接著倒回平底深鍋，一邊攪拌，以中

火煮2分鐘至煮沸，期間不停攪拌。用手持式電動攪拌棒攪打至均質。將卡士達奶油醬倒入焗烤盤（plat à gratin），讓奶油醬更快速冷卻。以小火加熱60克的焦糖奶油餡，用打蛋器將卡士達奶油餡攪打至平滑，混入卡士達奶油醬中。

泡芙麵糊

將麵粉過篩。在平底深鍋中，以小火加熱鹽、糖和奶油，煮沸，將平底深鍋離火。混入過篩的麵粉，一邊用力攪打，再以中火加熱平底深鍋，攪拌至麵糊形成團狀，而且不會沾黏鍋邊。放入裝有槳狀攪拌棒（feuille）電動攪拌機的攪拌缸中。放涼至50℃，一邊攪拌，讓蒸氣散出。在另一個攪拌盆中將蛋打散，將蛋液緩緩淋在麵團上，一邊快速攪拌。視麵團的乾燥程度而定，蛋液不必全加入，麵糊的質地應結實平滑。將麵糊倒入裝有12號平口擠花袋的擠花袋中。將旋風烤箱預熱至170℃（溫控器5-6），在鋪有烤盤紙的烤盤上擠出11顆泡芙。入烤箱烤20分鐘。

焦糖

攪拌盆裝冷水備用。在平底深鍋中倒入30克的水和葡萄糖漿，接著加入細砂糖。以大火煮至165℃，將鍋底泡入大盆冷水中，以中止焦糖化。將泡芙的鼓起面一一浸入熱焦糖中，擺在烤盤上，平面朝下。

香草鮮奶油香醍

混合液狀鮮奶油、馬斯卡邦乳酪、細砂糖和從剖半的香草莢刮下的香草籽，打發成偏軟的鮮奶油香醍。

完成

將焦糖奶油餡倒入裝有8號平口擠花嘴的擠花袋，在烤好的甜酥麵團塔底鋪上約100克的焦糖奶油餡，接著填入焦糖卡士達奶油醬，用抹刀抹平。在表面擠出螺旋形的焦糖奶油餡至距離邊緣0.5公分處。在周圍勻稱地擺上10顆焦糖泡芙，焦糖面朝上。將香草鮮奶油香醍倒入裝有聖多諾黑擠花嘴（saint-honoré）的擠花袋，在焦糖奶油餡上擠出交錯的波浪狀花形，在中央擺上最後一顆泡芙。冷藏保存至品嚐的時刻。

MILLE-FEUILLE
BREIZH
布雷茲千層派

Maëlig Georgelin
馬利格・喬治林

6人份

前一天開始準備
準備：前一天15分鐘，當天1小時
加熱：前一天約10分鐘，當天1小時40分鐘
冷藏時間：2×12小時＋2小時10分鐘
浸泡時間：15分鐘

香草馬斯卡邦乳酪奶油醬 La crème mascarpone vanille 吉力丁粉1.5克＋水8克 ◆ 液狀鮮奶油80克 ◆ 香草莢1根 ◆ 蛋黃16克 ◆ 細砂糖19克 ◆ 馬斯卡邦乳酪（mascarpone）80克（完成）**軟焦糖奶油醬 La crème de caramel tendre** 液狀鮮奶油225克 ◆ 鹽之花4克 ◆ 香草莢1根 ◆ 吉力丁粉4克＋水20克 ◆ 葡萄糖60克 ◆ 細砂糖110克 ◆ 半鹽奶油65克 **焦糖千層酥 Le feuilletage caramélisé** 麵粉800克｜工作檯用麵粉 ◆ 細鹽15克 ◆ 水380克 ◆ 奶油150克＋奶油440克 ◆ 糖粉100克 ◆ **鹽之花烤蘋果 Les pommes rôties à la fleur de sel** ◆ 紅粉佳人蘋果（pommes pink lady）3顆 ◆ 紅糖（cassonade）100克 ◆ 鹽之花1克 **完成 La finition** 食用銀箔（feuille d'argent alimentaire）1刀尖

香草馬斯卡邦乳酪奶油醬

前一天，用水將吉力丁粉泡開。在平底深鍋中，將液狀鮮奶油和剖半刮出籽的香草莢一起煮沸。混合蛋黃和糖。倒入煮沸的鮮奶油，一邊快速攪拌。將奶油醬保存在鍋中，以小火加熱，不停地攪拌，直到溫度達85℃，混入泡開的吉力丁混合均勻。將鍋底浸入一盆裝有冰塊的冷水中。

將香草奶油醬倒入攪拌盆中。用保鮮膜包起，冷藏保存至隔天。馬斯卡邦乳酪將在當天加入。

軟焦糖奶油醬

將液狀鮮奶油、鹽之花和剖半刮出籽的香草莢煮沸。離火，浸泡15分鐘。將香草莢從浸泡的鮮奶油中取出。沖洗，晾乾，切成段，預留備用。

用水將吉力丁粉泡開。將葡萄糖和糖一起煮至約170℃的溫度，形成焦糖。倒入以香草浸泡的熱鮮奶油，中止焦糖的烹煮。混入泡開的吉力丁，接著將混合液過篩，再混入切塊的半鹽奶油，用手持式電動攪拌棒攪打。緊貼上保鮮膜，冷藏保存至隔天。

焦糖千層酥

當天，在攪拌盆中混合麵粉、鹽、水和第一次秤重且切塊的奶油，無須揉麵成團即可。包上保鮮膜，冷藏靜置30分鐘。

在撒有麵粉的工作檯上，將麵團擀成邊長30公分的正方形。將第二次秤重的奶油擀成邊長15至20公分的正方形。將奶油轉45度擺在大正方形的麵皮中央。將麵皮的4個邊朝奶油的方向折起，形成較小的正方形。擀成厚8公釐的長方形。折成3折，形成皮夾折。將麵團轉90度。用保鮮膜包起，冷藏靜置20分鐘。繼續重複同樣的步驟4次：將麵團轉90度，接著擀成長方形，每次折疊之間都進行冷藏靜置20分鐘。為了製作這道食譜，請取1公斤的折疊派皮，並將剩餘的派皮冷凍起來。

將旋風烤箱預熱至200℃（溫控器6-7）。在撒有麵粉的工作檯上，將麵團擀成寬30公分、長40公分且厚3公釐的長方形。將長方形麵皮擺在預先濕潤的烤盤上。用叉子在麵皮上戳出大量的小孔。擺在網架上，以免折疊派皮在烘烤時過度膨脹，入烤箱烤25分鐘。將烤盤取出。將烤箱溫度調高至240℃（溫控器8）。將網架取下，接著為熱的折疊派皮均勻地篩上的糖粉。將折疊派皮再度放入烤箱，烤7分鐘烤至形成焦糖，並密切注意焦糖化的過程。出爐後放涼，接著將焦糖折疊派皮裁成3個長18公分、寬12公分的長方形。

鹽之花烤蘋果

將旋風烤箱預熱至160℃（溫控器5-6）。將蘋果削皮並切半。將蘋果去籽和皮膜（硬核的部分）。將蘋果切成邊長1公分的小方塊，接著放入焗烤盤中（plat de cuisson）。撒上紅糖和鹽之花，入烤箱烤1小時。出爐後，將鹽之花烤蘋果倒入攪拌盆中放涼。

完成

將馬斯卡邦乳酪混入香草奶油醬中，用電動攪拌機攪打至奶油醬打發。倒入裝有8號平口擠花嘴的擠花袋。在2塊長方形的焦糖千層酥上，在長邊擠出12顆香草馬斯卡邦乳酪奶油醬小球，在短邊擠出8顆。將軟焦糖奶油醬倒入裝有扁鋸齒花嘴（douille chemin de fer）的擠花袋中，接著在長方形焦糖千層酥中央擠出薄薄一層軟焦糖奶油醬。在2塊擠好的長方形焦糖千層酥中央，鋪上冷卻的鹽之花烤蘋果。將這2塊千層酥疊在一起，接著擺上最後一塊長方形的焦糖千層酥。用剩餘的香草馬斯卡邦乳酪奶油醬製作3個梭形。擺在千層派上，接著放上切段預留的香草莢。冷藏保存至品嚐的時刻。

PARIS-BREST
巴黎布雷斯特泡芙

Michel Pottier
米歇爾·波堤耶

8人份

準備：40分鐘

加熱：約1小時10分鐘

泡芙麵糊 La pâte à choux 麵粉250克 ◆ 牛乳250克 ◆ 水250克 ◆ 奶油200克 ◆ 細砂糖5克 ◆ 細鹽5克 ◆ 蛋240克 ◆ 杏仁片40克 **焦糖榛果 Les noisettes caramélisées** 榛果250克 ◆ 細砂糖100克 ◆ 水20克 **法式奶油霜 La crème au beurre** 細砂糖250克 ◆ 水60克 ◆ 蛋150克 ◆ 香草莢1/2根 ◆ 奶油375克 **卡士達奶油醬 La crème pâtissière** 牛乳250克 ◆ 細砂糖30克＋細砂糖30克 ◆ 蛋黃60克 ◆ 玉米粉30克 **帕林內奶油醬 La crème au praliné** 奶油100克 ◆ 傳統帕林內（praliné à l'ancienne）（見250頁食譜）100克 ◆ 法式奶油霜75克 ◆ 卡士達奶油醬370克

泡芙麵糊

將麵粉過篩至烤盤紙上。將牛乳、水、奶油、糖和細鹽加熱。煮沸時，將平底深鍋離火，接著一次倒入過篩的麵粉，再以大火加熱平底深鍋，快速攪拌至麵團不沾黏容器邊緣。將鍋子離火。混入蛋，一次2顆，每次加蛋之間保持快速攪打，直到蛋液融合。將泡芙麵糊倒入裝有10號平口擠花嘴的擠花袋中，在鋪有烤盤紙的烤盤上擺上一個直徑24公分的塔圈。在塔圈內部周圍擠出第一個環形的泡芙麵糊，拿掉塔圈，接著緊貼著第一個環形麵糊擠出第二圈環形麵糊，接著在二個環形麵糊的中央上方擠出第三圈環形麵糊。撒上杏仁片。

將旋風烤箱預熱至200℃（溫控器6-7）。入烤箱烤30至35分鐘。出爐時，將環狀泡芙擺在網架上放涼。

焦糖榛果

用銅製平底深鍋加熱榛果，不停攪拌。同時間將糖和水煮沸。煮至120℃的溫度，形成糖漿。將煮至120℃的糖漿倒在熱榛果上，煮至形成金黃色的焦糖。倒入烤盤，盡量不要重疊，接著將焦糖榛果分成小塊。放涼。

法式奶油霜

將糖、水和剖半的1/2根香草莢一起煮沸，接著煮至120℃。電動攪拌機裝上球狀攪拌棒，在攪拌缸中以最高速打發蛋，接著以細流狀倒入120℃的糖漿。攪打至蛋糊完全冷卻，接著慢慢混入切塊的奶油。

卡士達奶油醬

以小火將牛乳和第一次秤重的糖一起煮沸。將蛋黃和第二次秤重的糖攪拌至泛白，接著混入玉米粉。倒入煮沸的牛乳，一邊快速攪打。再倒回平底深鍋中，不停攪拌，再度煮沸，滾沸3分鐘。將卡士達奶油醬倒入盤中，緊貼表面蓋上保鮮膜。冷藏放涼。

帕林內奶油醬

電動攪拌機裝上球狀攪拌棒，在攪拌缸中混合切塊的奶油、帕林內和75克的法式奶油霜3分鐘。您可將剩下的冷凍起來。混入卡士達奶油醬，倒入裝有10號星形擠花嘴的擠花袋。

完成

將烤好的環形泡芙水平切成兩半。在底部的環形餅皮上擠出第一層的帕林內奶油醬，接著在周圍和兩側擠出波浪狀的帕林內奶油醬。再蓋上環形撒有杏仁片的泡芙頂層。用2塊焦糖榛果進行裝飾。將布雷斯特泡芙冷藏保存至品嚐的時刻。

Noisettes 榛果

皮埃蒙（Piémont）榛果是無懈可擊的品質保證，味道無與倫比，新鮮直送到我們面前。將榛果去殼、烘焙…圓胖而甜美（「Tonda Gentile delle Langhe」品種），具有受保護的產區保護標誌（IGP），主要種植於皮埃蒙西南部，榛果樹的根和松露共享土壤，在完全成熟時採收，以確保果實的理想品質。一旦經過烘焙，就會釋放出我們在傳統帕林內，以及某些巧克力蛋糕中可以找到，濃烈馥郁的香氣。

COCAGNE
AUX NOIX
極品核桃酥

| Michel Belin
米歇爾・貝林 | 2塊，每塊8人份 | 前一天開始準備
準備：前一天10分鐘，當天40分鐘
加熱：約50分鐘
冷藏時間：12小時
（麵團靜置時間）＋2小時 |

杏仁甜酥麵團 La pâte sucrée amandes 麵粉350克 ◆ 糖粉140克 ◆ 奶油210克 ◆ 細鹽3.5克 ◆ 生杏仁粉（amandes brutes en poudre）42克 ◆ 蛋70克 **核桃焦糖 Le caramel aux noix** 核桃仁（cerneaux de noix）300克 ◆ 細砂糖200克 ◆ 葡萄糖漿100克 ◆ 液狀鮮奶油250克 **法式咖啡奶油霜 La crème au beurre café** 細砂糖250克＋水62克 ◆ 蛋白125克 ◆ 室溫回軟的奶油375克 ◆ 咖啡萃取（extrait de cafe）25克 **咖啡杏仁麵團 La pâte d'amandes café** 杏仁含量66%的杏仁膏（pâte d'amandes）250克 ◆ 咖啡萃取30克 **杏仁奴軋汀 La nougatine amandes** 細砂糖250克 ◆ 葡萄糖漿50克 ◆ 切碎的杏仁200克

杏仁甜酥麵團

前一天，製作杏仁甜酥麵團。將麵粉和糖粉分開過篩。在電動攪拌機的攪拌缸中，以槳狀攪拌棒慢速攪打奶油，接著倒入過篩的糖粉、細鹽和生杏仁粉。一顆一顆地混入蛋，混合後倒入過篩的麵粉，一邊快速攪拌成團。將麵團冷藏靜置至隔天。

當天，將旋風烤箱預熱至160℃（溫控器5-6）。

取600克的杏仁甜酥麵團。在撒有麵粉的工作檯上擀成長30公分、寬25公分、厚2公釐的長方形。將長方形麵皮擺在鋪有烤盤紙的烤盤上，用叉子在麵皮上戳洞，入烤箱烤15分鐘。

出爐後，將塔皮基底擺在置於烤盤的網架上。

核桃焦糖

將核桃仁切碎。將糖和葡萄糖漿一起煮至170℃的溫度，煮至形成焦糖。混入切碎的核桃仁，接著是液狀鮮奶油。再度煮至125℃的溫度。在微溫的杏仁甜酥麵團上將熱的核桃焦糖鋪開，用抹刀抹平。在室溫下放涼。

法式咖啡奶油霜

將糖和水煮至118℃。將蛋白打成泡沫狀，接著以細流狀緩緩倒入煮好的糖漿，持續攪打直到完全冷卻。用電動攪拌機將奶油攪打至膏狀，接著和咖啡萃取一起混入義式蛋白霜。將法式奶油霜鋪在冷卻的核桃焦糖上。

咖啡杏仁麵團

混合杏仁膏和咖啡萃取至均勻，擀至1.5公釐的厚度，接著擺在蛋糕上。

杏仁奴軋汀

將糖和葡萄糖漿煮至165℃的溫度，形成焦糖。混入杏仁片，接著倒在烤盤紙上。用擀麵棍將奴軋汀擀開，放涼，接著用食物料理機將奴軋汀約略打碎，用中型網目的網篩過篩。

將過篩的奴軋汀鋪在核桃蛋糕表面。用密封罐保存剩餘的奴軋汀。將核桃蛋糕冷藏保存2小時後再從長邊切成2塊。依個人需求，您可將2塊核桃酥的其中一塊冷凍保存。

Noix 核桃

我使用的是福蘭克蒂（franquette），一種著名的佩里格（Périgord）核桃品種，它的果仁品質優良，而且去殼容易。我喜歡它帶有淡淡的榛果味而且香氣細緻，我們有固定合作的農家。核桃蛋糕儼然成為地方上的特產，而極品核桃酥更是我們店裡的代表性商品。

OPÉRA
歐培拉

Nicolas Boucher
尼可拉・布榭
Dalloyau

10人份

準備：1小時
加熱：約55分鐘
冷藏時間：1小時
浸泡時間：5分鐘

杏仁海綿蛋糕體 Le biscuit joconde 奶油20克 ◆ 杏仁粉95克 ◆ 細砂糖95克 ◆ 麵粉25克 ◆ 蛋125克 ◆ 蛋白85克＋細砂糖20克 **咖啡糖漿 L'imbibage café** 濃烈的義式咖啡（café italien fort）9克 ◆ 水110克 ◆ 細砂糖70克 **法式咖啡奶油霜 La crème au beurre café** 水70克 ◆ 細砂糖230克 ◆ 蛋85克 ◆ 蛋黃35克 ◆ 室溫回軟的奶油460克 ◆ 濃烈的義式咖啡25克 **巧克力甘那許 La ganache au chocolat** 可可脂含量72%的馬達加斯加頂級產地黑巧克力（chocolat noir grand cru de Madagascar à 72 % de cacao）300克 ◆ 全脂牛乳180克 ◆ 液狀鮮奶油45克 ◆ 奶油80克 **巧克力鏡面 Le glaçage chocolat** 可可脂含量72%的馬達加斯加頂級產地黑巧克力10克 ◆ 可可脂10克 ◆ 棕色巧克力鏡面（pâte à glacer brune）100克 **裝飾 Le decor** 食用金箔3片

杏仁海綿蛋糕體

將旋風烤箱預熱至200℃（溫控器6-7）。以小火將奶油加熱至融化。電動攪拌機裝上球狀攪拌棒，在攪拌缸中混合杏仁粉、第一次秤重的細砂糖、麵粉和蛋，攪拌打發至混合物起泡，而且體積膨脹為2倍。將蛋白打至硬性發泡，一邊緩緩加入第二次秤重的細砂糖，均勻混入蛋糕中形成平滑且前端稍微垂下的麵糊。分成3份，以製作3片的杏仁海綿蛋糕體。在鋪有烤盤紙的烤盤上，倒入第一份1/3的麵糊至形成5至6公釐的厚度、長30公分且寬20公分，接著用L型抹刀將表面整平。入烤箱烤10分鐘。出爐後，立刻將杏仁海綿蛋糕體倒扣在網架上，並將烤盤紙剝離。剩下

2/3的麵糊也以同樣方式進行。將杏仁海綿蛋糕體分別擺在3個網架上放涼。

咖啡糖漿

用沸水浸泡濃烈的義式咖啡5分鐘，接著混入糖。再度加熱至約75℃的溫度。

法式咖啡奶油霜

將水和細砂糖煮至124℃的溫度，形成糖漿。電動攪拌機裝上球狀攪拌棒，在攪拌缸中混合蛋和蛋黃，接著以細流狀倒入煮沸的糖。持續攪打當蛋糊降溫達40℃時，慢慢混入切塊的奶油和濃烈的義式咖啡。

巧克力甘那許

用鋸齒刀將巧克力切碎，放入攪拌盆中。將牛乳和液狀鮮奶油煮沸，分3次淋在切碎的巧克力上，一邊從中央開始，以同心圓動作向外繞圈攪拌。混入切塊的奶油，接著將混合物攪拌至平滑。倒入焗烤盤（plat à gratin）中。將保鮮膜緊貼在甘那許表面。冷藏保存至甘那許變為乳霜狀。

巧克力鏡面

用鋸齒刀分別將黑巧克力和可可脂切碎。將碎巧克力、可可脂和棕色巧克力鏡面一起放入攪拌盆中，隔水加熱至融化。維持在35℃的溫度。

組裝

將寬20公分、長30公分且高2.5公分的方形糕點框擺在鋪有烤盤紙的烤盤上。用糕點刷為第一片杏仁奶油蛋糕體的上色面刷上少許巧克力鏡面。擺在糕點框底部，巧克力鏡面朝上。將咖啡糖漿加熱至40℃，用糕點刷為蛋糕體表面刷上40℃的咖啡糖漿，再為蛋糕體鋪上一半的法式咖啡奶油霜，用抹刀抹平。擺上第二片杏仁奶油蛋糕體，用糕點刷刷上40℃的咖啡糖漿，鋪上調溫的巧克力甘那許，用抹刀抹平。再擺上第三片杏仁奶油蛋糕體，用糕點刷刷上40℃的咖啡糖漿，鋪上剩餘的法式奶油霜，用抹刀抹平。冷藏保存1小時。

完成

將歐培拉的方形糕點框移除，在室溫下回溫，接著在表面淋上巧克力鏡面。依您個人的靈感，用方塊或其他元素進行裝飾。永遠記得讓鏡面在室溫下靜置15分鐘至硬化，然後再將歐培拉分切品嚐。

ADVOCAAT
艾德沃卡蛋糕

Arthur De Rouw 亞瑟‧德盧	2塊蛋糕 每塊8人份	準備：1小時15分鐘 加熱：1小時20分鐘 冷凍：約4小時

巧克力慕斯 La mousse au chocolat 蛋黃60克 ◆ 細砂糖120克 ◆ 水20克 ◆ 吉力丁粉4克＋水20克 ◆ 液狀鮮奶油400克 ◆ 可可脂含量66%的黑巧克力135克 **蛋酒奶油醬 La crème liqueur aux oeufs** 吉力丁粉3克＋水15克 ◆ 液狀鮮奶油125克＋細砂糖8克 ◆ 蛋酒(liqueur aux oeufs)30克＋蛋酒95克(Advocaat荷蘭蛋酒) ◆ 干邑白蘭地(cognac)15克 **榛果蛋白霜 La meringue noisette** 蛋白110克＋細砂糖110克 ◆ 去殼榛果75克＋細砂糖75克 ◆ 麵粉65克 ◆ 無糖可可粉15克 **酥餅 Le streusel** 去皮杏仁碎(amandes broyées émondées)或杏仁粉75克 ◆ 紅糖(vergeoise)75克 ◆ 奶油75克 ◆ 麵粉65克 ◆ 無糖可可粉12克 **鏡面 Le glaçage** 吉力丁粉10克＋水50克 ◆ 液狀鮮奶油140克 ◆ 法芙娜鑽石鏡面巧克力(chocolat Absolu Cristal)140克 ◆ 白巧克力60克 ◆ 特級黑巧克力(chocolat extra-noir)35克 ◆ 細砂糖120克 ◆ 葡萄糖漿60克 **酥片 Le croustillant** 細砂糖90克 ◆ 黃色果膠(pectine jaune)2克 ◆ 奶油40克 ◆ 葡萄糖漿30克 ◆ 杏仁片110克

巧克力慕斯

在攪拌盆中輕輕攪打蛋黃。將糖和水加熱至119℃以製作糖漿，立刻將糖漿以細流狀倒入打好的蛋黃中，一邊輕輕攪打至混合物變得微溫。

用水將吉力丁泡開。將液狀鮮奶油攪打至形成柔軟的打發鮮奶油。將牛乳和泡開的吉力丁一起加熱至60℃。用鋸齒刀將巧克力切碎，接著放入攪拌盆，隔水加熱至50℃，立刻將融化的巧克力倒入熱牛乳中，一邊攪拌，接著再倒回攪拌盆中。混入微溫的蛋黃和糖漿等備料，直到整體變得均勻，接著和打發鮮奶油混合。冷藏保存。

蛋酒奶油醬

用水將吉力丁泡開。將液狀鮮奶油和糖攪打至形成柔軟的打發鮮奶油。以小火加熱第一次秤重的蛋酒，混入泡開的吉力丁，接著是第二次秤重的蛋酒和干邑白蘭地，加熱至20℃，一邊攪拌，接著混入打發鮮奶油。2個直徑14公分的塔圈擺在鋪有烤盤紙的烤盤上，將蛋酒奶油醬分裝塔圈中，冷凍約2小時。

榛果蛋白霜

將蛋白打成泡沫狀蛋白霜，同時大量倒入第一次秤重的糖。將榛果切塊，接著在攪拌盆中和第二次秤重的糖混合。在攪拌盆上方將麵粉和可可粉過篩，混合後混入泡沫狀蛋白霜，一邊輕輕以刮刀攪拌。

將旋風烤箱預熱至170℃（溫控器5-6）。將榛果蛋白霜倒入裝有6號平口擠花嘴的擠花袋中，接著在鋪有烤盤紙的烤盤上擠出直徑14公分的圓餅，入烤箱烤12分鐘。出爐後，用平底深鍋的底部輕壓榛果蛋白霜圓餅。

酥餅

在攪拌缸中，用刮刀混合紅糖和切塊的奶油。混入杏仁碎，接著是麵粉和可可粉，攪拌至形成平滑的麵團。將旋風烤箱預熱至160℃（溫控器5-6）。在撒有麵粉的工作檯上將麵團擀至2.5公釐的厚度，接著在2個直徑16公分的塔圈中各別放入一片圓形麵皮。入烤箱烤約18分鐘。

鏡面

用水將吉力丁泡開。將液狀鮮奶油攪打成打發鮮奶油。用鋸齒刀將巧克力切碎，放入攪拌盆中，隔水加熱至融化。巧克力一融化，就將碗從隔水加熱鍋中取出。將糖和葡萄糖漿煮至形成淺色焦糖，緩緩倒入打發鮮奶油，一邊以刮刀攪拌至第一次煮沸。混入泡開的吉力丁，接著是融化的巧克力。

酥片

將旋風烤箱預熱至190℃（溫控器6-7）。將糖、果膠、奶油和葡萄糖漿煮沸。煮沸時，加入杏仁片。倒在大理石板上，接著用刮刀鋪至極薄。將酥片擺至鋪有烤盤紙的烤盤上，入烤箱烤至形成金黃色。放涼後將整片的酥片敲碎成小塊。

完成

將2個直徑16公分且高6公分的糕點圈擺在鋪有保鮮膜的烤盤上。加入慕斯至2公分的高度。非常輕地嵌入凍硬的蛋酒奶油醬，向下施壓並讓巧克力慕斯稍微升起。再為整體鋪上薄薄一層巧克力慕斯。擺上榛果蛋白霜圓餅，直到巧克力慕斯稍微溢出。最後以二片酥餅完成組裝。蛋糕不應高於糕點圈的高度。冷凍保存2小時。

將冷凍好的蛋糕脫模，接著倒扣在2個網架上，並排地擺在一個大烤盤上。再以小火加熱鏡面至變成液態。在1分鐘左右的時間內，淋在整個蛋糕上。讓鏡面凝固。

將蛋糕擺在2個餐盤上，接著勻稱地鋪上小塊的酥片。依您的靈感為蛋糕進行裝飾並品嚐。

TIRAMISU
提拉米蘇

Luigi Biasetto
路吉・比亞塞多

10人份

前一天開始準備
準備：前一天45分鐘
加熱：前一天約20分鐘
冷藏時間：1小時

指形蛋糕體 Les biscuits cuillère 蛋250克 ◆ 麵粉100克 ◆ 馬鈴薯澱粉（fécule de pomme de terre）50克 ◆ 糖粉125克 ◆ 細砂糖 **提拉米蘇奶油醬 La crème tiramisu** 蛋250克 ◆ 細砂糖150克 ◆ 馬斯卡邦乳酪500克 ◆ 液狀鮮奶油250克 **完成 La finition** 義式濃縮咖啡（café espresso）250克 ◆ 無糖可可粉

指形蛋糕體

前一天，將旋風烤箱預熱至180℃（溫控器6）。
將蛋白和蛋黃分開。將麵粉和馬鈴薯澱粉過篩至攪拌盆中。將蛋白攪打至硬性發泡的蛋白霜，一邊慢慢混入糖粉。用橡皮刮刀混入蛋黃，同時小心不要讓泡沫狀蛋白霜消泡，接著混入麵粉和馬鈴薯澱粉。倒入裝有12號平口擠花嘴的擠花袋，在鋪有烤盤紙的烤盤上，間隔地擠出約長10公分的條狀麵糊（或擠在指形蛋糕體專用，具有指形形狀的矽膠墊上）。篩上少許糖粉，以增加酥脆口感。入烤箱烤15至20分鐘，指形蛋糕體不應過度上色。出爐後，將蛋糕體置於網架上冷卻。

提拉米蘇奶油醬

將一個攪拌盆冷凍冰鎮。在另一個碗中攪打蛋和糖1分鐘，接著以最大功率微波約2分鐘，混合物的中心

溫度應為65℃，再度攪打至平滑，接著將備料過濾至冰鎮的攪拌盆中。混入馬斯卡邦乳酪和液狀鮮奶油，輕輕攪打均勻。冷藏保存1小時。

完成

將冷的濃縮咖啡倒入湯盤，將指形蛋糕體的兩面稍微浸入濃縮咖啡幾秒鐘的時間，一一擺在邊長20公分且高4公分的方皿中。用濃縮咖啡將浸潤的指形蛋糕體底部完全淹過，小心地淋上一半的提拉米蘇奶油醬，用抹刀抹平。在提拉米蘇奶油醬上鋪上第二層以濃縮咖啡浸潤的指形蛋糕體，再蓋上剩餘的提拉米蘇奶油醬，用抹刀在提拉米蘇奶油醬表麵做出凹槽，以形成不規則的波浪效果。冷藏至隔天。
當天，為提拉米蘇篩上薄薄一層可可粉。品嚐。

FRAISIER
PISTACHE
開心果草莓蛋糕

| Frederic Cassel
費德希克・卡塞 | 8人份 | 準備：1小時
加熱：約50分鐘
浸泡時間：30分鐘
冷藏時間：30分鐘 |

杏仁蛋糕體 Le biscuit amande 糖粉375克 ◆ 杏仁粉375克 ◆ 蛋白625克 ◆ 細砂糖150克 **開心果卡士達奶油醬 La crème pâtissière pistache** 全脂牛乳300克 ◆ 馬達加斯加香草莢（gousse de vanille de Madagascar）1根 ◆ 蛋黃48克 ◆ 細砂糖75克 ◆ 卡士達粉（poudre à flan）27克 ◆ 開心果醬（pâte de pistaches）12克 ◆ 奶油12克 **義式蛋白霜 La meringue italienne** 細砂糖175克＋水53克 ◆ 蛋白87克 **法式奶油霜 La crème au beurre** 全脂牛乳126克 ◆ 蛋黃100克 ◆ 細砂糖126克 ◆ 室溫回軟的奶油525克 ◆ 義式蛋白霜（見下方食譜）245克 **開心果慕斯林奶油醬 La crème mousseline pistache** 開心果卡士達奶油醬220克 ◆ 法式奶油霜（見下方食譜）500克 **蛋糕體浸潤糖漿 Le sirop d'imbibage du biscuit** 細砂糖50克 ◆ 水45克 ◆ 櫻桃酒25克 **減糖義式蛋白霜 La meringue italienne moins sucrée** 細砂糖150克 ◆ 水45克 ◆ 蛋白100克 **餡料 La garniture** 中型草莓2公斤 **組裝 Le montage** 細砂糖 ◆ 櫻桃酒30克 **完成 La finition** 綜合紅黑莓果（紅醋栗 groseilles、草莓 fraises、覆盆子 framboises、桑葚 mûres、藍莓 myrtilles）◆ 開心果碎

杏仁蛋糕體

將糖粉和杏仁粉過篩。將蛋白和糖攪打至硬性發泡的蛋白霜，混入糖粉和杏仁粉的混料。

將旋風烤箱預熱至210℃（溫控器7）。在鋪有烤盤紙的烤盤上擺上一個長60公分且寬40公分的方形糕點框。將麵糊倒入方形糕點框中，用抹刀抹平，入烤箱烤8分鐘。出爐時，將蛋糕體脫模擺在網架上。放涼，接著將蛋糕體切成2塊邊長24公分的正方形。

開心果卡士達奶油醬

將牛乳和剖半刮出籽的香草莢以平底深鍋煮沸，離火加蓋，浸泡30分鐘。取另一個平底深鍋，攪打蛋黃、蛋和卡士達粉，接著倒入牛乳，將香草莢移除。以中火加熱平底深鍋，一邊用力攪拌，再度煮沸，不停攪拌1至2分鐘。立刻倒入碗裡，將碗底浸入一盆冰塊水中，攪拌奶油醬直到降溫至50℃。混入開心果醬和切塊奶油，將奶油醬保存在裝有冰塊的盆中，直到冷卻。將保鮮膜緊貼在奶油醬表面。冷藏保存。

義式蛋白霜

將糖和水煮沸,煮至121℃。在糖漿達115℃時,同時開始將蛋白打發至形成「鳥嘴」狀的濕性發泡(不要太硬),以細流狀將煮至121℃的糖,緩緩倒入以中速攪打的蛋白霜。繼續以同樣速度攪打至冷卻。

法式奶油霜

在平底深鍋中將牛乳煮沸。在另一個平底深鍋中攪拌蛋黃和糖,直到混合物泛白。倒入牛乳,一邊快速攪打。以小火加熱平底深鍋,不停攪拌,煮至85℃,用手持式電動攪拌棒攪打。將鍋底浸入一盆冰塊中,將煮好的英式奶油醬放涼。

電動攪拌機裝上球狀攪拌棒,在攪拌缸中攪拌奶油20分鐘,混入英式奶油醬,將電動攪拌機的攪拌缸取出,用橡皮刮刀混入245克的義式蛋白霜。

開心果慕斯林奶油醬

用打蛋器將220克的開心果卡士達奶油醬攪打至平滑。電動攪拌機裝上球狀攪拌棒,在攪拌缸中攪拌500克的法式奶油霜2分鐘,混入開心果卡士達奶油醬,攪拌2分鐘,倒入裝有10號平口擠花嘴的擠花袋。

蛋糕體浸潤糖漿

將糖和水煮沸,放涼,加入櫻桃酒。

減糖義式蛋白霜

將糖和水煮沸,煮至121℃的溫度。在糖漿達115℃時,同時開始將蛋白打至形成「鳥嘴狀」的濕性發泡蛋白霜。以細流狀將煮至121℃的糖倒入以中速攪打的蛋白霜中,並以同樣的速度攪打至冷卻。

配料

沖洗草莓並晾乾。去蒂,將草莓縱切成兩半。

組裝

將邊長24公分且高4.5公分的方形糕點框擺在鋪有保鮮膜的烤盤上。在方形糕點框內圍上一張塑膠片(Rhodoïd)。在方形糕點框底部擺上第一塊蛋糕體,刷上浸潤糖漿。擠出一層開心果慕斯林奶油醬四周圍上切半的草莓,切面朝外貼著方形糕點框邊緣,再擠入慕斯林奶油醬至一半的高度,中間擺上草莓緊密地排列,撒上糖並淋上櫻桃酒。再擠入開心果慕斯林奶油醬,用抹刀將表面抹平。再蓋上第二塊蛋糕體,刷上浸潤糖漿。將草莓蛋糕冷藏保存30分鐘。在草莓蛋糕表面鋪上減糖義式蛋白霜,用抹刀抹平,接著用噴槍烤至焦糖化。將草莓蛋糕冷藏保存至品嚐的時刻。

完成

將草莓蛋糕的方形糕點框移除。在草莓蛋糕的表面以成串的紅醋栗、紅色及黑色莓果、開心果碎,或依個人靈感進行裝飾。

Fraises 草莓

使用在糕點中的草莓,是我們和農家美麗邂逅的結果,他就住在距離我們10公里處。雙方合作了十幾年,彼此見證了第三代的誕生。草莓以它的鮮紅色宣示了冬季的結束,在整個季節裡,我們使用了各種品種,但都是新鮮草莓。為了製作這道草莓蛋糕,我選擇了佳麗格特(gariguette)品種,在縱切時會形成漂亮的切面。草莓是很脆弱的食材,我們會用叉子壓碎,而不會用電動攪拌機攪打,以免影響風味。

SUCCÈS
AUX FRAISES
草莓成功蛋糕

Vincent Guerlais　　　　6人份　　　準備：40分鐘
文森·蓋爾雷　　　　　　　　　　　　加熱：約25分鐘

成功蛋糕體 Le biscuit succès　杏仁粉40克 ◆ 麵粉10克 ◆ 細砂糖75克＋細砂糖35克 ◆ 蛋白65克 **慕斯林奶油醬 La crème mousseline**　蛋黃40克 ◆ 細砂糖75克 ◆ 玉米粉（Maïzena）20克 ◆ 牛乳250克 ◆ 香草莢2根 ◆ 室溫回軟的奶油150克 **裝飾 La garniture**　草莓400克 **完成 La finition**　糖粉 ◆ 草莓3顆

成功蛋糕體

將旋風烤箱預熱至170℃（溫控器5-6）。將杏仁粉、麵粉和第一次秤重的糖過篩至烤盤紙上。將蛋白打發至硬性發泡，緩緩混入第二次秤重的糖，接著倒入過篩的杏仁粉、麵粉和糖。用橡皮刮刀輕輕混合所有材料，接著倒入裝有8號平口擠花嘴的擠花袋。在鋪烤盤紙的烤盤上，擠出2個直徑18公分的圓形麵糊，入烤箱烤15至20分鐘。出爐後，將蛋糕體置於網架上放涼。

慕斯林奶油醬

在攪拌盆中混合蛋黃、糖和玉米粉。在平底深鍋中加熱牛乳和剖半刮出籽的香草莢，將熱牛乳混入蛋黃盆中攪拌，倒回平底深鍋以中火煮沸，接著再煮2分鐘，不停攪拌。取出香草莢，離火並放涼，混入切成小塊，軟化的膏狀奶油，倒入裝有8號平口擠花嘴的擠花袋。將第一塊蛋糕體圓餅擺在盤上，在蛋糕體邊緣擠上一圈的慕斯林奶油醬。

裝飾

清洗草莓並晾乾。去蒂，將草莓縱向切半，接著勻稱且稍微傾斜地並排在慕斯林奶油圈上。在草莓蛋糕中央擠上慕斯林奶油醬，接著在每顆草莓之間擠出小球狀的慕斯林奶油醬。

完成

將第二塊蛋糕體圓餅擺在草莓和慕斯林奶油醬上，篩上糖粉，用3顆切半的草莓裝飾蛋糕中央。品嚐。

FRAMBOISIER
覆盆子蛋糕

Bernard Besse	8人份	準備：45分鐘
貝納·貝斯		加熱：約40至45分鐘
		冷藏時間：至少2小時
		冷凍：2小時

覆盆子夾層 L'insert framboises 吉力丁片5克 ◆ 覆盆子泥250克 ◆ 細砂糖125克 ◆ 新鮮覆盆子100克 **覆盆子晶凍 Le cristal de framboises** 吉力丁片12克 ◆ 水210克 ◆ 覆盆子糖漿210克 ◆ 天然紅色食用色素3滴 **熱內亞蛋糕體 Le biscuit pain de Gênes** 杏仁膏（pâte d'amandes）240克 ◆ 天然紅色食用色素5滴 ◆ 蛋250克 ◆ 奶油75克 ◆ 麵粉45克 ◆ 泡打粉3克 **波利尼亞克杏仁 Les amandes Polignac** 水125克 ◆ 細砂糖250克 ◆ 杏仁片250克 **香草奶油醬 La crème vanille** 吉力丁片8克 ◆ 牛乳220克 ◆ 香草莢1根 ◆ 蛋黃40克 ◆ 細砂糖50克 ◆ 白巧克力200克 ◆ 液狀鮮奶油500克 **浸漬糖漿 Le sirop de punchage** 水125克 ◆ 細砂糖125克 ◆ 覆盆子泥150克 ◆ 櫻桃酒25克 **完成 La finition** 新鮮覆盆子300克 ◆ 開心果 ◆ 糖粉

覆盆子夾層

將吉力丁片泡入大量的水中10分鐘，讓吉力丁軟化。加熱覆盆子泥和糖，混入軟化並瀝乾的吉力丁，倒入直徑16公分的圓形矽膠模，撒上新鮮覆盆子。冷凍凝固1小時。

覆盆子晶凍

將吉力丁片泡入大量的水中10分鐘，讓吉力丁軟化。加熱水、覆盆子糖漿和紅色食用色素，不要煮沸。混入軟化並瀝乾的吉力丁，勿過度攪拌，以免形成氣泡。在邊長15公分的正方形糕點框內擺上1張塑膠片，再置於烤盤上，倒入備料冷凍凝固1小時。
將方形糕點框和塑膠片移除，接著切成邊長3公分的正方形覆盆子晶凍。冷藏保存。

熱內亞蛋糕體

將旋風烤箱預熱至180℃（溫控器6）。在裝有槳狀攪拌棒的電動攪拌機鋼盆中，混合杏仁膏和紅色的食用色素，接著混入蛋，一次一顆。將槳狀換成球狀攪拌棒，接著將混合物打發。以小火將奶油加熱至融化後降溫，混入不會太燙的奶油，接著是麵粉和泡打粉。
在鋪有烤盤紙的烤盤上，用刮刀將麵糊鋪至8公釐的厚度。入烤箱烤10分鐘。

波利尼亞克杏仁

將旋風烤箱預熱至160℃（溫控器5-6）。

將水和糖煮沸，混入杏仁片。將備料倒入鋪有烤盤紙的烤盤至2至3公釐的厚度，入烤箱烤20分鐘。放涼後將整片的波利尼亞克杏仁切成約3公分的片狀。

香草奶油醬

用大量冷水泡吉力丁10分鐘至軟化。將牛乳和剖半刮出籽的香草莢煮沸，在攪拌盆中攪打蛋黃和糖，直到泛白。倒入少許煮沸的牛乳，一邊快速攪打，接著再倒回平底深鍋，不停攪拌並加熱，將奶油醬煮至85℃。將香草莢取出，離火混入軟化並瀝乾的吉力丁。用鋸齒刀將白巧克力切碎，放入攪拌盆中，將香草奶油醬倒入切碎的巧克力中，接著以手持式電動攪拌棒攪打至均勻，將香草奶油醬放涼。另外使用鋼盆將液狀鮮奶油攪打至打發鮮奶油，輕輕混入冷卻的香草奶油醬中。

浸漬糖漿

將水和糖煮沸，倒入覆盆子泥中，接著混入櫻桃酒。

覆盆子蛋糕的組裝

用熱內亞蛋糕體切出第一塊高6公分且長18公分的長條，接著是2塊直徑16公分的圓餅。將蛋糕條貼在直徑18公分且高6公分的的塔圈內緣，在塔圈底部擺入第一塊蛋糕體圓餅，用糕點刷為蛋糕體圓餅刷上浸漬糖漿。為覆盆子夾層脫模。鋪上第一層香草奶油醬，接著擺上冷凍的覆盆子夾層，再蓋上第二層香草奶油醬，擺上第二塊熱內亞蛋糕體圓餅。用糕點刷刷上浸漬糖漿，最後鋪上第三層香草奶油醬，將表面抹平。冷藏保存至少2小時。

完成

將覆盆子蛋糕的塔圈移除。為整個覆盆子蛋糕表面鋪上新鮮的覆盆子，篩上薄薄一層糖粉（可省略）。撒上開心果，放上覆盆子晶凍方塊和波利尼亞克杏仁片。

BAMBOO
綠竹

◆ ◆ ◆

| Sadaharu Aoki
青木定治 | 8人份 | 準備：1小時
加熱：約45分鐘
冷藏時間：約2小時20分鐘
冷凍：30分鐘 |

抹茶杏仁奶油蛋糕體 Le biscuit joconde matcha 蛋170克 ◆ 杏仁粉153克 ◆ 糖粉153克 ◆ 蛋白420克 ◆ 細砂糖49克 ◆ 麵粉35克 ◆ 抹茶粉6克 ◆ 澄清奶油100克 **抹茶糖漿 Le sirop matcha** 水185克 ◆ 細砂糖125克 ◆ 櫻桃酒60克 ◆ 抹茶粉6克 **法式抹茶奶油霜 La crème au beurre matcha** 牛乳110克 ◆ 香草莢1/2根 ◆ 蛋黃65克＋細砂糖125克 ◆ 水50克＋細砂糖150克 ◆ 蛋白75克 ◆ 室溫回軟的奶油450克 ◆ 抹茶粉40克 **甘那許 La ganache** 脂肪含量35%的液狀鮮奶油600克 ◆ 葡萄糖25克 ◆ 可可脂含量55%的厄瓜多爾（Équatoriale）黑巧克力150克 ◆ 奶油10克 **白巧克力噴霧 Le spray chocolat blanc（可省略）** 白巧克力70克 ◆ 可可脂30克 **抹茶鏡面 Le glaçage matcha** 白巧克力70克 ◆ 液狀鮮奶油40克 ◆ 抹茶粉4克 **黑色巧克力鏡面 La pâte à glacer noire** 黑色巧克力鏡面（pâte à glacer noire）40克 **組裝 Le montage** 細砂糖 **完成 La finition** 糖粉 ◆ 抹茶粉

杏仁奶油蛋糕體

將旋風烤箱預熱至220℃（溫控器7-8）。電動攪拌機裝上球狀攪拌棒，在攪拌缸中打發蛋、杏仁粉和糖粉，直到形成泡沫狀且體積增加為兩倍。另一個鋼盆將蛋白緩緩混入細砂糖，打至硬性發泡的蛋白霜。將麵粉和抹茶粉一起過篩，接著混入蛋、杏仁粉和糖粉的麵糊，再輕輕將上述麵糊混入泡沫狀蛋白霜中。加入澄清奶油，輕輕混合。為2個30×40公分的烤盤鋪上烤盤紙，將麵糊鋪在整個烤盤內，接著用L型抹刀將表面整平，入烤箱烤8至10分鐘。出爐後，將蛋糕體分別倒扣在2個網架上，並將烤盤紙剝離，放涼。將蛋糕體切成4條30×20公分的長方片。

抹茶糖漿

將水和細砂糖煮沸，離火並放涼，混入櫻桃酒和抹茶粉。攪拌至抹茶粉混入糖漿中融合。

法式抹茶奶油霜

將牛乳和半根剖半刮出籽的香草莢煮沸。在攪拌盆中混合蛋黃和第一次秤重的細砂糖，接著倒入熱牛乳，一邊快速攪拌。再將混合物倒回平底深鍋，不停攪拌煮至85℃的溫度。將半根香草莢取出，再倒回電動攪拌機鋼盆中，攪拌至完全冷卻。
將水和第二次秤重的細砂糖加熱至118℃。將蛋白打發至硬性發泡的蛋白霜，一邊以細流狀緩緩倒入煮至

118℃的糖漿。在冷卻的英式香草奶油醬中混入切塊的軟化的膏狀奶油，接著和打至硬性發泡的蛋白霜輕輕混合，再將抹茶粉過篩混入。

甘那許

將液狀鮮奶油和葡萄糖煮沸。用鋸齒刀將巧克力切碎放入攪拌盆中，將熱鮮奶油分3次倒入巧克力碎中，一邊從中央開始慢慢向外以同心圓動作攪拌。在甘那許達40℃時混入奶油，保鮮膜緊貼在甘那許表面，冷藏至甘那許變為乳霜狀。

白巧克力噴霧

用鋸齒刀將白巧克力和可可脂分別切碎。分別加熱至40℃，讓巧克力和可可脂融化，接著將兩者混合，拌勻。倒入奶油噴槍或噴霧罐中。

抹茶鏡面

用鋸齒刀將白巧克力切碎放入攪拌盆中。將液狀鮮奶油煮沸，分3次倒入巧克力碎中，一邊從中央開始慢慢向外以同心圓動作攪拌，再將抹茶粉混入鏡面至均勻。

黑色巧克力鏡面

以小火將黑色巧克力鏡面加熱至融化。

組裝

將融化的黑色巧克力鏡面鋪在第一塊長方形的杏仁奶油蛋糕體上，撒上細砂糖冷藏10分鐘。將30×20公分的糕點框擺在鋪有保鮮膜的烤盤上，把杏仁奶油蛋糕體擺進糕點框內，巧克力面朝下。刷上1/4的抹茶糖漿，蓋上一半的甘那許，接著擺上第二塊長方形的杏仁奶油蛋糕體，刷上1/4的抹茶糖漿。接著鋪上一半的法式抹茶奶油霜，再蓋上第三塊長方形的杏仁奶油蛋糕體，刷上1/4的抹茶糖漿，接著鋪上剩餘的甘那許，再蓋上第四塊長方形的杏仁奶油蛋糕體，刷上最後1/4的抹茶糖漿，接著鋪上剩餘的法式抹茶奶油霜。冷凍30分鐘。

完成

將蛋糕的糕點框移除。若您有奶油噴槍或噴霧罐，請為整個蛋糕的表面噴上白巧克力噴霧。將抹茶鏡面加熱至40℃，用湯匙將鏡面淋在整個蛋糕表面。依您個人的靈感篩上糖粉和抹茶粉。冷藏保存2小時後再品嚐。

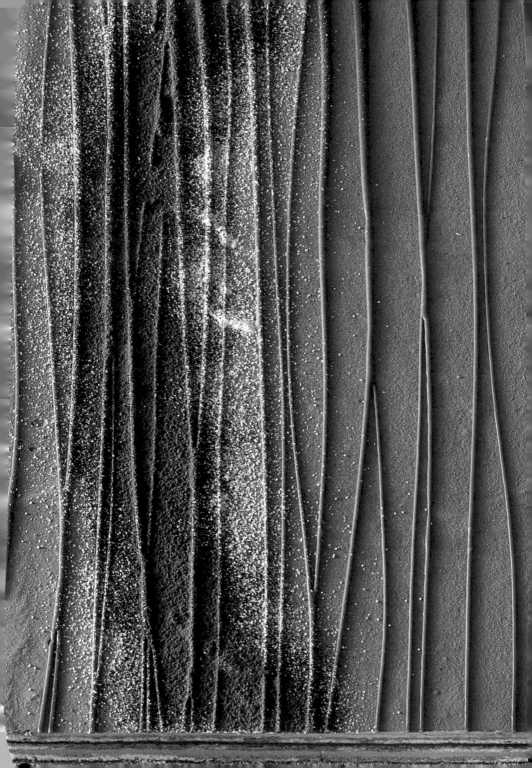

ISPAHAN
伊斯帕罕

Pierre Hermé
皮耶・艾曼

6至8人份

提前一週開始準備
準備：前5至7天5分鐘，前一天45分鐘，
當天5分鐘
加熱：前一天約40分鐘
乾燥時間：前一天30分鐘
冷藏時間：5至7天（「液化」蛋白）＋24小時

「液化」蛋白 Les blancs d'oeufs « liquéfiés » 所謂的「液化」蛋白110克 **玫瑰馬卡龍圓餅 Les disques de biscuit macaron rose** 糖粉125克 ✦ 杏仁粉125克 ✦ 天然胭脂紅食用色素（colorant alimentaire rouge carmin naturel）約2克 ✦ 礦泉水35克 ✦ 細砂糖125克 ✦ 所謂的「液化」蛋白110克（見下方食譜） **餡料 La garniture** 罐裝荔枝300克（取得150克瀝乾的荔枝）✦ 新鮮覆盆子300克 **義式蛋白霜 La meringue italienne** 礦泉水35克 ✦ 細砂糖125克＋打發蛋白用細砂糖5克 ✦ 蛋白65克 **英式奶油醬 La crème anglaise** 全脂牛乳90克 ✦ 蛋黃70克 ✦ 細砂糖40克 **玫瑰花瓣奶油醬 La crème aux pètales de rose** 奶油450克 ✦ 玫瑰精萃（extrait alcoolique de rose）5克 ✦ 玫瑰糖漿30克 ✦ 義式蛋白霜175克（見下方食譜） **完成 La finition** 液態葡萄糖（glucose liquide）（或蘋果果凝 gelée de pommes）✦ 末經加工處理的紅色玫瑰花瓣5片 ✦ 新鮮覆盆子3顆

「液化」蛋白

提前5至7天，將蛋白分裝至2個碗中。蓋上保鮮膜，用刀尖戳幾個洞，冷藏保存5天。

玫瑰馬卡龍圓餅

品嚐伊斯帕罕馬卡龍的前一天，將糖粉和杏仁粉過篩至攪拌盆中。將食用色素倒入第一次秤重的「液化」蛋白碗中混合，接著再倒入糖粉和杏仁粉中，攪拌均勻。

將礦泉水和糖煮沸至118℃的，在糖漿達115℃時，開始將第二次秤重的「液化」蛋白打發成泡沫狀蛋白霜。將煮至118℃的糖倒入蛋白霜中，持續攪打至50℃，再混入糖粉和杏仁粉，使用刮板或橡皮刮刀等混拌馬卡龍麵糊，讓麵糊排氣調節硬度。倒入裝有11號平口擠花嘴的擠花袋，用鉛筆在一張烤盤紙上描出2個直徑20公分的圓。將紙翻面鋪在烤盤上，從2個描好的圓形中央開始擠出2個螺旋狀的玫瑰馬卡龍麵糊。

將烤盤對著鋪有廚房布巾的工作檯輕敲，讓麵糊稍微攤開。讓麵糊圓餅在室溫下靜置30分鐘結皮。

將旋風烤箱預熱至180℃（溫控器6）。

入烤箱烤20至25分鐘，中途快速將烤箱門打開2次，讓濕氣散逸。

出爐後，將圓餅分別擺在2個網架上放涼。

餡料

將荔枝瀝乾，切成4塊。擺在幾張疊在一起的吸水紙上晾乾，盡可能將荔枝的水分吸乾。

義式蛋白霜

將礦泉水和糖煮沸，接著煮至121℃的溫度。在混料達115℃時，開始將蛋白和糖一起攪打至形成「鳥嘴」的泡沫狀蛋白霜（勿過度打發）。以細流狀緩緩倒入煮至121℃的糖，不停以中速攪打，直到蛋白霜冷卻。取出這道配方所需的175克義式蛋白霜。

英式奶油醬

在大盆中放入冰塊和水備用。在第一個平底深鍋中將牛乳煮沸。在另一個平底深鍋中攪拌蛋黃和糖，直到混料泛白。倒入牛乳，一邊快速攪打。以小火加熱平底深鍋，不停攪拌，接著將混合物煮至85℃（由於含有大量的蛋，奶油醬很容易黏鍋）。用手持式電動攪拌棒攪打，接著立刻將英式奶油醬的鍋子放入準備好的冰塊水中冷卻並不時攪拌。

玫瑰花瓣奶油醬

在電動攪拌機的攪拌缸中攪打奶油5分鐘，混入英式奶油醬、玫瑰精萃和玫瑰糖漿。再度攪拌，接著將備料倒入攪拌盆中，緩緩混入175克的義式蛋白霜。將玫瑰花瓣奶油醬倒入裝有10號擠花嘴的擠花袋內。

組裝

將第一塊玫瑰馬卡龍倒放在餐盤上，平坦面朝上。在邊緣擠上1圈的玫瑰奶油醬，擺上覆盆子，讓覆盆子顯露在外圍。接著再擠2圈的玫瑰奶油醬，在幾圈的奶油醬之間擺上荔枝塊，再擠上1片螺旋狀的玫瑰奶油醬。擺上第二塊玫瑰馬卡龍，輕輕按壓。用保鮮膜將伊斯帕罕包起，接著冷藏保存至隔天。

完成

當天，在品嚐前二小時將伊斯帕罕從冰箱中取出。用烤盤紙製作1個小圓錐，填入葡萄糖或蘋果果凝，在每塊玫瑰花瓣上擠上1滴「露珠」。用勻稱的玫瑰花瓣為伊斯帕罕進行裝飾，妝點上覆盆子後品嚐。

EXTASE
心醉神迷

Denis Matyasy
丹尼·馬堤雅喜

2塊6人份蛋糕

前一天開始準備
準備：前一天15分鐘，當天約1小時
加熱：前一天約5分鐘，當天約2小時20分鐘
冷藏時間：2 × 12小時＋2小時

糖漬草莓 Le confit de fraises 細砂糖75克＋NH果膠9克 ◆ 草莓果肉300克＋細砂糖75克 ◆ 葡萄糖90克 **草莓甘那許 La ganache fraise** 伊芙兒巧克力（chocolat Ivoire）（或白巧克力）60克 ◆ 草莓果肉45克 ◆ 葡萄糖5克 ◆ 細砂糖5克 ◆ 脂肪含量35%的液狀鮮奶油115克 **甜酥麵團 La pâte sucrée** 室溫回軟的奶油300克 ◆ 杏仁粉63克 ◆ 糖粉187克 ◆ 蛋120克 ◆ 麵粉500克＋工作檯用麵粉 ◆ 紅糖（cassonade） **檸檬潘趣糖漿 Le punch citron** 水100克 ◆ 細砂糖135克 ◆ 檸檬汁200克 **檸檬蛋糕 Le cake citron** 奶油46克＋模型用奶油 ◆ 蛋148克 ◆ 細砂糖188克 ◆ 未經加工處理的檸檬皮1顆（2克） ◆ 麵粉146克 ◆ 泡打粉3克 ◆ 細鹽1克 ◆ 脂肪含量35%的液狀鮮奶油80克 **東加豆甘那許 La ganache tonka** 伊芙兒巧克力（或白巧克力）410克 ◆ 脂肪含量35%的液狀鮮奶油300克＋脂肪含量35%的液狀鮮奶油777克 ◆ 葡萄糖33克 ◆ 細砂糖33克 ◆ 刨碎的零陵東加豆（fève tonka râpée）6克 **法式蛋白霜 La meringue française** 蛋白100克 ◆ 細砂糖100克 ◆ 糖粉100克 **紅巧克力圓環和綠巧克力圓片 Les cercles en chocolat rouge et disques en chocolat vert** 伊芙兒巧克力（或白巧克力）100克＋天然草莓紅食用色素3滴 ◆ 伊芙兒巧克力（或白巧克力）50克＋天然茴香綠食用色素2滴 **完成 La finition** 花或糖花雛菊（marguerites en pastillage）7朵 ◆ 紅醋栗1串

糖漬草莓

前一天，混合第一次秤重的糖和果膠。將草莓果肉、第二次秤重的糖和葡萄糖煮沸，接著加入糖和果膠的混合物，再度將糖漬草莓煮沸並放涼。冷藏保存至隔天。

草莓甘那許

用鋸齒刀將巧克力切碎放入攪拌盆中。將草莓果肉、葡萄糖和糖煮沸，將煮沸的混合物分3次倒入切碎的巧克力中，一邊從中央開始朝外以繞圈方式攪拌。混入冷的液狀鮮奶油，倒入焗烤盤，將保鮮膜緊貼在甘那許表面。冷藏保存至隔天。

當天，以手持式電動攪拌棒攪打草莓甘那許，分裝至12個長35公釐的梭形矽膠模中。冷凍保存。

甜酥麵團

在裝有攪拌槳的電動攪拌機鋼盆中，混合軟化的膏狀奶油、杏仁粉和糖粉，接著加入蛋攪拌，接著混入麵粉至成團。將麵團冷藏靜置至少2小時。

將旋風烤箱預熱至160℃（溫控器5-6）。在撒有麵粉的工作檯上將麵團擀開至3公釐的厚度，切成2塊直徑18公分的圓形塔皮，在圓形塔皮上下都撒上紅糖。將圓形塔皮擺在鋪有烤盤紙的烤盤上。入烤箱烤約30分鐘。

檸檬潘趣糖漿

將水和糖煮沸，形成糖漿。將檸檬汁和糖漿混合。

檸檬蛋糕

將旋風烤箱預熱至150℃（溫控器5）。將奶油加熱至40℃。用打蛋器混合蛋、糖和檸檬皮，加入混和的細鹽和麵粉，接著倒入液狀鮮奶油和加熱至40℃的融化奶油。為2個直徑18公分且高2公分的鋁箔圓盤刷上奶油，接著鋪上麵糊。入烤箱烤約13分鐘。出爐後，將蛋糕脫模，接著刷上檸檬潘趣糖漿。

東加豆甘那許

用鋸齒刀將巧克力切碎放入攪拌盆中。將第一次秤重的液狀鮮奶油、葡萄糖和糖煮沸，混入刨碎的零陵東加豆。將煮沸的備料分3次倒入切碎的巧克力，並從中央開始朝外以繞圈方式攪拌。混入冷的液狀鮮奶油，倒入攪拌盆中，將保鮮膜直接緊貼在甘那許表面。冷藏保存。

法式蛋白霜

將旋風烤箱預熱至100℃（溫控器3-4）。緩緩混入糖，將蛋白打至硬性發泡的蛋白霜，接著混入糖粉。倒入裝有12號平口擠花嘴的擠花袋，用尖端在鋪有烤盤紙的烤盤上擠出12顆小球，入烤箱烤1小時30分鐘。

紅巧克力圓環和綠巧克力圓片

將巧克力分別調溫（見310頁）。在塑膠片上用刮刀將調溫的紅巧克力鋪成薄薄一層。接著綠巧克力也以同樣方式處理，在室溫下凝固。將紅巧克力切成2條長18至19公分且高4.5公分的帶狀，接著將兩條巧克力在塔圈捲起定型。用直徑3.5公分的壓模將綠巧克力切成圓片。

完成

清洗醋栗串並晾乾，將果粒摘下。用手持式電動攪拌棒攪打東加豆甘那許，接著倒入裝有12號平口擠花嘴的擠花袋。將甜酥圓餅擺在直徑18公分且高4.5公分的塔圈中，用抹刀鋪上薄薄一層糖漬草莓，接著鋪上一層東加豆甘那許，將檸檬蛋糕放入，稍微按壓進甘那許中，接著蓋上一層東加豆甘那許，再鋪上薄薄一層糖漬草莓，接著覆蓋上最後一層東加豆甘那許。勻稱地擺上脫模的梭形草莓甘那許、蛋白霜小球、在間隙處擠上東加豆甘那許小球，放上綠巧克力圓片、糖花和醋栗。將塔圈移除，接著用紅巧克力條環繞蛋糕。以同樣的程序處理第二塊蛋糕，冷藏保存2小時後再品嚐。

LIPSTICK
CERISE
櫻桃紅唇

Claire Damon
克萊兒・戴蒙

2塊多層蛋糕
每塊4人份

前一天開始準備
準備：前一天20分鐘，當天約1小時30分鐘
加熱：前一天10分鐘，當天約1小時
冷藏時間：12小時
冷凍：1小時
浸漬時間：12小時

糖煮雙櫻桃 La compotée de cerises et de griottes 酸櫻桃（griotte）250克 ◆ 櫻桃250克 ◆ 細砂糖27克＋細砂糖5克 ◆ 吉力丁片6克 ◆ 玉米粉4克 **卡士達奶油醬 La creme patissiere** 全脂鮮乳100克 ◆ 馬達加斯加香草莢1根 ◆ 蛋黃19克 ◆ 細砂糖19克 ◆ 玉米粉7克 ◆ 麵粉2克 **櫻桃酒香醍 La Chantilly kirsch** 吉力丁片2.5克 ◆ 液狀鮮奶油160克＋脂肪含量35%且冰涼的液狀鮮奶油150克 ◆ 細砂糖32克 ◆ 櫻桃酒16克 **紅糖酥 Le croustillant cassonade** 奶油168克 ◆ 紅糖168克 ◆ 麵粉36克 ◆ 杏仁片126克 ◆ 給宏德（Guérande）鹽之花1克 **杏仁奶油餡 La crème d'amandes** 奶油150克 ◆ 糖粉150克 ◆ 杏仁粉150克 ◆ 蛋150克 **法式奶油霜 La crème au beurre** 牛乳150克 ◆ 蛋黃98克 ◆ 細砂糖123克 ◆ 奶油469克 **香草慕斯林奶油醬 La mousseline vanille** 法式奶油霜250克 ◆ 卡士達奶油醬120克 **紅色鏡面 Le glaçage rouge** 牛乳105克 ◆ 葡萄糖2克 ◆ 細砂糖57克 ◆ NH果膠3克＋細砂糖8克 ◆ 塔用果膠（nappage pour tarte）25克 ◆ 天然無氮紅色食用色素（colorant rouge non azoïque d'origine naturelle）1克 **完成 La finition** 櫻桃4顆 ◆ 開心果8顆

糖煮雙櫻桃

前一天，將清洗並晾乾的水果去核。將二種櫻桃和第一次秤重的糖一起放入攪拌盆中，浸漬至隔天。

卡士達奶油醬

將牛乳和剖半刮出籽的香草莢煮沸。浸泡至隔天。

櫻桃酒香醍

加熱第一次秤重的液狀鮮奶油，混入預先軟化的吉力丁

和糖，加入第二次秤重的液狀鮮奶油和櫻桃酒，用電動攪拌機混合。冷藏保存至隔天。

糖煮雙櫻桃（接續）

當天，將水果煮沸。混合第二次秤重的糖和玉米粉，倒入30℃的櫻桃中，煮沸3分鐘，離火，混入預先軟化的吉力丁。分4次將130克的糖煮櫻桃分裝至4個直徑14公分的圓形模型中。冷凍1小時。

紅糖酥

將旋風烤箱預熱至170℃（溫控器5-6）。在電動攪拌機的攪拌缸中混合奶油和糖，加入混合杏仁片、鹽之花的麵粉。將備料夾在2張烤盤紙之間，擀開。在鋪有烤盤紙的烤盤上擺入一個長40公分、寬30公分的方形糕點框。將麵團放入長40公分、寬30公分的方形糕點框中，入烤箱烤17分鐘。

杏仁奶油餡

在電動攪拌機的攪拌缸中，將奶油攪拌至乳霜狀。加入糖粉和杏仁粉混合。混入蛋，一次一顆。將備料鋪在烤過的紅糖酥上，入烤箱烤10分鐘。放涼，切成2塊直徑16公分的圓餅。

法式奶油霜

將牛乳煮沸。在攪拌盆中將蛋和糖攪打至起泡，將牛乳倒入蛋和糖的混料中，一邊攪拌。再倒回平底深鍋，繼續煮至83℃。在裝有攪拌槳的電動攪拌機的鋼盆中，將奶油攪拌均勻，接著將槳狀攪拌棒換成球狀攪拌棒，緩緩倒入25℃的英式奶油醬，混合均勻。

卡士達奶油醬（接續）

將浸泡香草的牛乳煮沸。移去香草莢，將蛋黃、糖、玉米粉和麵粉攪打至混料泛白。緩緩倒入牛乳，一邊攪拌，再倒回平底深鍋，繼續烹煮並持續攪拌。在混料變得濃稠時，將平底深鍋離火，將奶油醬攪拌至平滑。再度加熱平底深鍋，再沸騰3分鐘，將卡士達奶油醬倒入攪拌盆中。直接將保鮮膜緊貼在奶油醬表面，以冷藏的方式冷卻。

香草慕斯林奶油醬

將冷卻的卡士達奶油醬攪拌至平滑。將法式奶油霜放入電動攪拌機的攪拌缸中，攪拌至平滑。加入卡士達奶油醬混合，攪拌後倒入裝有10號平口擠花嘴的擠花袋。

櫻桃酒香醍（接續）

將前一天準備好的液狀櫻桃酒鮮奶油打發成鮮奶油香醍，倒入裝有10號平口擠花嘴的擠花袋。

紅色鏡面

將牛乳、葡萄糖和第一次秤重的糖加熱至30℃，混入果膠和糖的混合物。煮沸30秒，離火，混入預先融化的塔用果膠和食用紅色色素。

紅白圓餅

紅色圓餅：將2個直徑18公分且高2公分的塔圈，擺在鋪有保鮮膜的烤盤上。在塔圈底部鋪上第一層櫻桃酒香醍，擺上第一塊脫模的糖煮櫻桃圓餅。將糖煮櫻桃圓餅稍微壓進鮮奶油香醍中，再鋪上第二層櫻桃酒香醍。將2塊圓餅冷凍1小時。將塔圈移除，將2塊香醍圓餅擺在網架上，淋上加熱至30℃的紅色鏡面。

白色圓餅：將2個直徑18公分且高2公分的塔圈，擺在鋪有保鮮膜的烤盤上。擠出第一層慕斯林奶油醬，擺上第二塊脫模的糖煮櫻桃圓餅，將糖煮櫻桃圓餅稍微壓進奶油醬中，在表面再擠出第二層慕斯林奶油醬，用抹刀將奶油醬抹平。

完成

將紅色圓餅擺在白色圓餅上，用櫻桃和開心果裝飾。將蛋糕冷藏2小時，接著在室溫下靜置45分鐘，讓蛋糕回溫至適當的品嚐溫度。

VERY HOT
火辣蛋糕

Pascal Dupuy 巴斯卡‧杜皮	2個蛋糕 各8人份	準備：45分鐘 加熱：約40分鐘 冷凍：3小時 冷藏時間：2小時

巧克力蛋糕體 Le biscuit chocolat 糖粉45克 ◆ 麵粉80克 ◆ 無糖可可粉7克 ◆ 細鹽1克 ◆ 泡打粉3克 ◆ 蛋80克 ◆ 牛乳20克 ◆ 奶油75克 **辣乳霜餡 Le crémeux chili** 可可脂含量33%的塔納里瓦（Tanariva）牛奶巧克力60克 ◆ 可可脂含量70%的瓜納拉（Guanaja）黑巧克力50克 ◆ 液狀鮮奶油100克 ◆ 牛乳100克 ◆ 辣椒醬（sauce chili）10克 ◆ 蛋黃40克 ◆ 細砂糖20克 **黑巧克力慕斯 La mousse chocolat noir** 可可脂含量70%的瓜納拉黑巧克力300克 ◆ 液狀鮮奶油100克＋液狀鮮奶油600克 ◆ 全脂牛乳100克 ◆ 蛋黃50克 ◆ 細砂糖75克 **巧克力鏡面 Le glaçage chocolat** 吉力丁片4克 ◆ 無糖可可粉20克 ◆ 可可脂含量100%的黑巧克力20克 ◆ 巧克力鏡面（pâte à glacer）20克 ◆ 細砂糖85克 ◆ 水60克 ◆ 蘋果果凝（gelée de pommes）120克 **完成 La finition** 辣椒2根

巧克力蛋糕體

將旋風烤箱預熱至240℃（溫控器8）。在裝有攪拌槳的電動攪拌機鋼盆裡，攪拌糖粉、麵粉、可可粉、細鹽、泡打粉和蛋3分鐘。將備料預留備用。

將牛乳和奶油加熱至40℃，混入上述備料中。在鋪有烤盤紙的的烤盤上鋪至0.5公分的厚度，入烤箱烤7分鐘。出爐後，將蛋糕體放涼，接著切成2塊直徑18公分的圓餅。在鋪有保鮮膜的烤盤上放上2個直徑18公分且高4.5公分的蛋糕圈，將巧克力蛋糕體圓餅放入蛋糕圈中。

辣乳霜餡

用鋸齒刀將巧克力切碎放入鋼盆中。在平底深鍋中將液狀鮮奶油、牛乳和辣椒醬煮沸。混合蛋黃和細砂糖，直到泛白，將煮沸的牛乳倒入一邊快速攪打，倒回平底深鍋中以小火加熱，不停攪拌煮至82℃。將煮好的辣英式奶油醬倒入切碎的巧克力中，一邊以手持式電動攪拌棒攪拌。在鋪有保鮮膜的烤盤上放上2個直徑18公分的蛋糕圈，在辣乳霜餡降溫至30℃時，分裝至蛋糕圈中。冷凍1小時。

黑巧克力慕斯

用鋸齒刀將黑巧克力切碎，放入攪拌盆中。在平底深鍋中，將第一次秤重的液狀鮮奶油和牛乳煮沸。將蛋黃和細砂糖攪拌至混料泛白，把煮沸的牛乳倒入混料中，一邊快速攪拌。倒回平底深鍋以小火加熱，不停攪拌煮至82℃。將煮好的英式奶油醬倒入切碎的巧克力中，用手持式電動攪拌棒攪打至均勻。

將第二次秤重的液狀鮮奶油攪打成打發鮮奶油，在巧克力英式奶油醬降溫至50℃時，用橡皮刮刀混入打發的鮮奶油。倒入放有巧克力蛋糕體的2個蛋糕圈中，達蛋糕圈1/3的高度。擺上脫模且冷凍的辣乳霜餡圓餅，再鋪上剩餘的巧克力慕斯。將慕斯表面抹平，冷凍保存2小時。

巧克力鏡面

將吉力丁泡水15分鐘，泡開還原。將可可粉、用鋸齒刀切碎的巧克力和巧克力鏡面倒入平底深鍋中。將細砂糖、水和蘋果果凝煮沸，倒入上述巧克力備料中，一邊攪拌，接著煮至105℃。離火，混入軟化並瀝乾的吉力丁。

完成

將蛋糕擺在置於烤盤的網架上，將蛋糕圈移除。將巧克力鏡面加熱至40℃，淋在蛋糕上。用刮刀去掉多餘的鏡面，用1根辣椒裝飾。將蛋糕冷藏保存2小時後再品嚐。

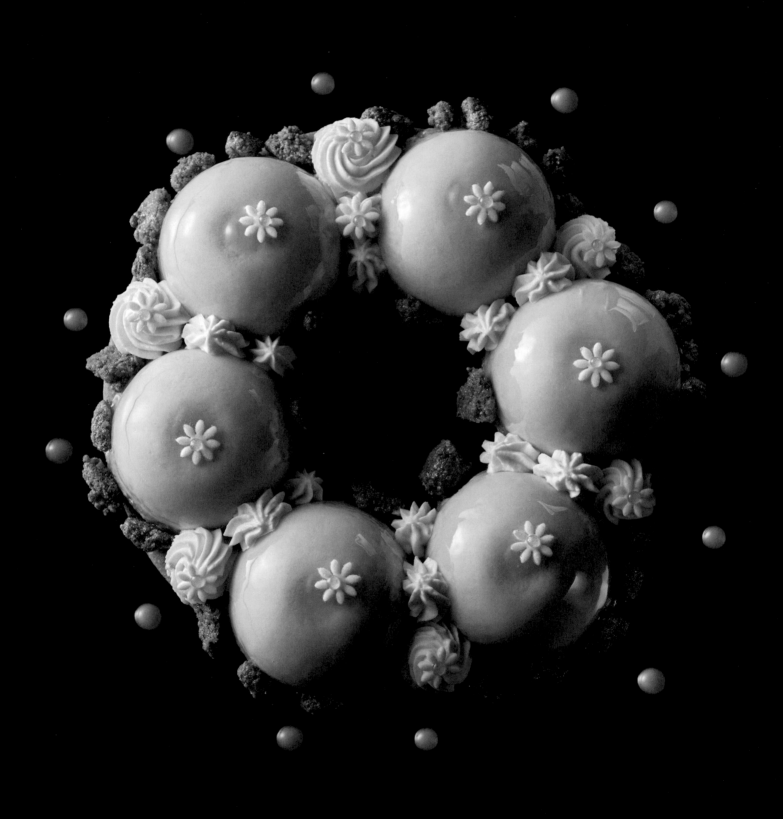

MAGANDANG
芒果花蛋糕

Cédric Pernot	2塊蛋糕	準備：1小時30分鐘
塞堤克・皮諾	每塊6人份	加熱：約1小時10分鐘
		冷藏時間：5小時
		冷凍：2小時

伊芙兒打發甘那許 La ganache montée Ivoire 伊芙兒巧克力（chocolat Ivoire）（或白巧克力）28克 ◆ 未經加工處理的黃檸檬皮2克 ◆ 脂肪含量35%的液狀鮮奶油24克＋脂肪含量35%的液狀鮮奶油57克 ◆ 細砂糖10克 **布列塔尼酥餅 Le sablé breton** 奶油75克 ◆ 糖粉50克 ◆ 細鹽1克 ◆ 蛋30克 ◆ 麵粉140克 ◆ 泡打粉5克 **達克瓦茲 La dacquoise** 糖粉70克 ◆ 杏仁粉91克 ◆ 蛋白91克 ◆ 細砂糖23克 **酸橙奶油餡 Le crémeux kalamansi** 吉力丁粉1克＋水5克 ◆ 蛋黃10克 ◆ 細砂糖20克 ◆ 馬鈴薯澱粉3克 ◆ 含糖量10%的酸橙汁65克 ◆ 奶油23克 **檸檬果凝 Le jus de citron gélifié** 吉力丁粉1克＋水5克 ◆ 檸檬汁30克 ◆ 細砂糖5克 **箭葉橙芒果慕斯 La mousse mangue-combava** 吉力丁粉6克 ◆ 冷水30克 ◆ 含糖量10%的芒果泥225克 ◆ 未經加工處理的箭葉橙皮1/8顆 ◆ 細砂糖12克 ◆ 脂肪含量35%的液狀鮮奶油170克 **芒果濃縮泥 La réduction de pulpe de mangue** 芒果泥75克 **酥粒 Le crumble** 奶油48克 ◆ 紅糖48克 ◆ 杏仁粉48克 ◆ 麵粉44克 **完成 La finition** 塔用果膠48克（袋裝） ◆ 天然檸檬黃食用色素幾滴 ◆ 糖花12小朵

伊芙兒打發甘那許

用鋸齒刀將巧克力切碎，和檸檬皮一起放入攪拌盆中。將第一次秤重的液狀鮮奶油和糖煮沸，分3次倒入切碎的巧克力中，一邊從中央開始朝外以繞圈的方式攪拌。在白巧克力等備料中加入第二次秤重的液狀鮮奶油，冷藏靜置5小時。取出打發成鮮奶油香醍。倒入裝有8號齒狀擠花嘴的擠花袋。冷藏保存。

布列塔尼酥餅

在電動攪拌機的攪拌缸中以槳狀攪拌棒攪打奶油、糖粉和細鹽，加入蛋。攪打後加入麵粉和泡打粉，快速攪拌成團。

將旋風烤箱預熱至175℃（溫控器5-6），將麵團擀至4公釐的厚度，擺在鋪有烤盤紙的烤盤上，用塔圈裁出2個直徑20公分的圓形麵皮。擺好後，將直徑8公分的壓模嵌入圓形麵皮中央。將嵌出的圓形麵皮取出，形成鏤空的環狀。入烤箱烤12分鐘，接著在網架上放涼。

達克瓦茲

將糖粉和杏仁粉過篩。在蛋白中慢慢混入糖，打成泡沫狀。在打至硬性發泡時，一次倒入過篩的糖粉和杏仁粉，用橡皮刮刀輕輕混合。

將旋風烤箱預熱至170℃（溫控器5-6）。在鋪有烤盤紙的烤盤上，將麵團鋪平為10公釐厚的長方形。入烤箱烤20分鐘。將達克瓦茲放涼後再切成直徑6公分的圓餅狀共12個。

酸橙奶油餡

用冷水將吉力丁粉泡開。將蛋黃與糖混合，混入馬鈴薯澱粉。將酸橙汁煮沸，倒入蛋黃、糖和泡開的吉力丁，再度煮沸。放涼至45℃。加入奶油，用手持式電動攪拌棒攪打，分裝至12個直徑4公分的半球形矽膠模。冷藏保存。

檸檬果凝

用冷水浸泡吉力丁粉。將檸檬汁和糖加熱至40℃，混入泡開的吉力丁至均勻，放涼後將檸檬果凝鋪在酸橙奶油餡上，將模型冷凍。

箭葉橙芒果慕斯

用冷水將吉力丁粉泡開。將芒果泥加熱至30℃，混入泡開的吉力丁、糖和箭葉橙皮，放涼至18℃。將液狀鮮奶油攪打至形成打發鮮奶油，混入冷卻至18℃的備料中。加熱濃縮芒果泥，將芒果泥的水分收乾至份量成為50克。

酥粒

用指尖混合切塊奶油、紅糖、杏仁粉和麵粉，直到形成1至2公分小的麵團粒。

將旋風烤箱預熱至160℃（溫控器5-6）。

將小麵團粒放在鋪有烤盤紙的烤盤上，入烤箱烤至小麵團粒呈現琥珀棕色，即約15分鐘左右。

完成

將20克的箭葉橙芒果慕斯分裝至12個直徑6公分的半球形矽膠模。將酸橙奶油餡脫模擺在慕斯上，接著在每個上方再擠入15克的箭葉橙芒果慕斯。用抹刀將慕斯抹平，擺上達克瓦茲圓餅。冷凍保存2小時。

依包裝說明加熱鏡面，加入幾滴檸檬黃食用色素，將12個冷凍半球脫模擺在置於烤盤的網架上。為每個半球淋上熱鏡面。

將淋上鏡面的半球擺在鏤空的布列塔尼酥餅圓環上，每個圓環6個。在每顆半球之間和內外各擠出小顆的伊芙兒打發甘那許。將濃縮芒果肉倒入無擠花嘴的擠花袋，擠在每顆半球的中央，再擺上一朵糖花。在蛋糕周圍擺上酥粒。冷藏保存至品嚐的時刻。

LINGOT
D'OR
金磚蛋糕

Paul Wittamer 保羅・惠特梅	6至8人份	準備：1小時 冷藏時間：7小時 加熱：約35分鐘

折疊派皮 La pâte feuilletée 麵粉450克 ◆ 水200克 ◆ 室溫奶油70克＋室溫奶油90克 ◆ 細鹽9克 **卡士達奶油醬 La crème pâtissière** 牛乳500克 ◆ 香草莢1/2根 ◆ 蛋黃80克 ◆ 細砂糖85克 ◆ 玉米粉（Maïzena）27克 **英式奶油醬 La crème anglaise** 脂肪含量35%的液狀鮮奶油200克 ◆ 卡士達奶油醬（見下方食譜）100克 **蛋白霜 La meringue** 蛋白250克 ◆ 細砂糖375克 **配料 La garniture** 工作檯用麵粉 ◆ 綜合水果（鳳梨和甜瓜丁、奇異果、覆盆子、桑葚、紅醋栗、藍莓）300克 ◆ 草莓500克 **完成 La finition** 糖粉50克 ◆ 覆盆子庫利（coulis de framboises）（可省略）

折疊派皮

在攪拌盆中混合麵粉、水、第一次秤重的切塊奶油和細鹽，攪拌成團勿揉捏麵團。為攪拌盆蓋上保鮮膜，冷藏靜置2小時。

提前15分鐘將麵團從冰箱中取出，在撒有麵粉的工作檯上擀成邊長30公分的正方形。將第二次秤重的奶油擀成1公分厚的正方形。將正方形奶油轉45度擺在大正方形的麵皮中央，將麵皮的4個邊朝奶油的方向折起，形成較小的正方形。將麵皮轉90度，接著擀成長方形，折成3折，形成皮夾折。再將麵皮轉90度，冷藏靜置1小時。繼續重複同樣的步驟二次：將麵皮轉90度，接著擀成長方形，每次折疊之間都要冷藏靜置1小時。

卡士達奶油醬

將牛乳和剖半刮出籽的香草莢煮沸。在攪拌盆中攪打蛋黃和糖，直到泛白，混入玉米粉。將煮沸的牛乳倒入備料中，一邊快速攪打。再倒回平底深鍋中，不停攪拌，將奶油醬煮沸並滾1分鐘。將卡士達奶油醬倒入攪拌盆中，以保鮮膜緊貼在奶油醬表面，以免結皮。放涼。

英式奶油醬

將液狀鮮奶油打發至形成硬性發泡的打發鮮奶油，接著混入100克冷卻的卡士達奶油醬。

蛋白霜

將蛋白攪打至泡沫狀的蛋白霜，途中分3次混入細砂糖，每次添加時請記得等糖溶入後再加入下一次的糖。

配料

烤折疊派皮之前，將派皮折疊二次，進行同樣的步驟：擀成長方形，接著折成皮夾折，再旋轉90度。每次折疊之間請讓麵團冷藏靜置1小時。將旋風烤箱預熱至190℃（溫控器6-7）。

在撒有麵粉的工作檯上將折疊派皮擀至2公釐厚。裁出第一塊長25公分、寬12公分的長方形，擺在預先濕潤的烤盤上。用叉子的尖齒戳出大量的洞。在麵皮上先裁出2條寬2.5公分、長25公分的麵皮，接著再裁出2條寬2.5公分、長12公分的麵皮。將這些條狀麵皮擺在長方形的折疊派皮周圍，並用稍微沾濕的毛刷，將這些麵皮依長度排在最早裁出的麵皮的四邊。入烤箱烤約25分鐘。放涼。準備紅色和黑色水果，以及水果丁。清洗草莓並晾乾去蒂。依大小而定，切成4塊或2塊。為折疊派皮中央的長方形鋪上英式奶油醬，接著是黑色和紅色水果、新鮮水果丁，覆蓋上草莓。將長方形折疊派皮周圍的條狀餅皮割開，將餡料整個包起，形成盒子狀。

完成

用抹刀為整個金磚蛋糕鋪上蛋白霜。在蛋白霜表面篩上糖粉，接著以預熱的烙鐵（fer à polka）或噴槍烤至焦糖化。冷藏保存至品嚐的時刻。金磚蛋糕請搭配少許覆盆子庫利，在冰涼狀態下品嚐。

GÂTEAU **MIMOSA**
含羞草蛋糕

Roberto Rinaldini
羅貝多‧雷納迪尼

8至10人份

準備：1小時
加熱：約45分鐘
冷藏時間：5小時
冷凍：3小時20分鐘

義式海綿蛋糕 La génoise 蛋140克 ◆ 細砂糖200克 ◆ 蛋黃8克 ◆ 麵粉55克 ◆ 馬鈴薯澱粉（fécule de pomme de terre）150克 ◆ 奶油50克 **卡士達奶油醬 La crème pâtissière** 牛乳100克 ◆ 液狀鮮奶油100克 ◆ 香草莢1根 ◆ 蛋黃90克 ◆ 米澱粉（amidon de riz）8克 ◆ 玉米粉8克 **香草輕奶油醬 La crème légère à la vanille** 吉力丁片7克＋水35克 ◆ 卡士達奶油醬300克 ◆ 液狀鮮奶油400克 **橘子糖漿 Le sirop de mandarine** 水125克 ◆ 細砂糖50克 ◆ 香草莢1/2根 ◆ 酒精濃度40°的橘子利口酒（liqueur de mandarine）40克 **完成 La finition** 小型蛋白餅或香草輕奶油醬 ◆ 紅醋栗3串

香草義式海綿蛋糕

將旋風烤箱預熱至180℃（溫控器6）。用手持式電動攪拌器攪打鋼盆中的蛋、糖和從剖半的香草莢中取下的香草籽10分鐘，混入蛋黃。將麵粉和馬鈴薯澱粉過篩加入輕輕拌合。最後將加熱至45℃的融化奶油混入拌勻。將麵糊分裝至2個直徑14公分且高4公分的模型中，入烤箱烤30分鐘。出爐後，放涼，接著將海綿蛋糕冷凍硬化20分鐘。

卡士達奶油醬

將牛乳、液狀鮮奶油和剖半刮出籽的香草莢煮沸。在另一個平底深鍋中混合其他材料，倒入煮沸的牛乳，一邊快速攪拌，煮至82℃。倒出後將保鮮膜緊貼在奶油醬表面，放涼至20℃。

香草輕奶油醬

將吉力丁片泡水15分鐘至泡開，瀝乾並擰乾，接著微波至融化，將融化的吉力丁混入20℃的卡士達奶油醬。將液狀鮮奶油攪打至形成打發鮮奶油，混入卡士達奶油醬中。將保鮮膜緊貼在奶油醬表面，冷藏保存3小時。

香草橘子糖漿

將水、糖和剖半刮出籽的半根香草莢煮沸，放涼至45℃，接著混入橘子利口酒。

組裝

將2塊海綿蛋糕切成0.5公分厚的條狀，用糕點刷為海綿蛋糕刷上香草橘子糖漿。在直徑16公分的半球形模型中填入香草輕奶油醬。鋪上一層香草海綿蛋糕，冷凍3小時。將蛋糕脫模，用抹刀為蛋糕表面鋪上剩餘的香草輕奶油醬，將海綿蛋糕切成邊長1公分的小丁，鋪滿在蛋糕上。

完成

擠出香草輕奶油醬小圓球或小顆的蛋白餅為蛋糕裝飾，接著放上醋栗串或其他依靈感進行的裝飾。將蛋糕冷藏2小時後再品嚐。

CHARLOTTE
MANDARINE
橘子夏洛特蛋糕

◆――――――◆――――――◆

Vianney Bellanger
維亞尼・貝隆傑

6至8人份

前一天開始準備
準備：前一天40分鐘，當天1小時
加熱：前一天約10分鐘，當天約45分鐘
冷藏時間：2 × 12小時＋5小時
冷凍：至少4小時

橘子鏡面 Le glaçage mandarine 可可脂（beurre de cacao）28克 ◆ 白巧克力40克 ◆ 細砂糖60克 ◆ 橘子汁30克 ◆ 葡萄糖60克 ◆ 甜煉乳（lait concentré sucré）40克 ◆ 吉力丁粉4克＋水20克 ◆ 天然黃色食用色素幾滴 **巧克力奶油餡 Le crémeux chocolat** 可可脂含量75%的坦尚尼亞黑巧克力（Tanzanie）21克 ◆ 液狀鮮奶油64克 ◆ 蛋黃17克 ◆ 細砂糖8克 **指形蛋糕體 Les biscuits boudoir** 蛋白32克 ◆ 細砂糖16克 ◆ 蛋黃16克 ◆ 砂糖8克 ◆ 麵粉20克 ◆ 無糖可可粉3克 **糖煮橘子 La compotée de mandarine** 橘子汁25克 ◆ 卡士達粉（poudre à flan）2克 ◆ 吉力丁粉1克＋水5克 ◆ 橘子皮泥25克 **橘子慕斯 La mousse mandarine** 橘子汁87克 ◆ 橘子皮泥19克 ◆ 細鹽1撮 ◆ 奶油4克 ◆ 蛋黃11克 ◆ 砂糖15克 ◆ 卡士達粉6克 ◆ 吉力丁粉2克＋水10克 ◆ 砂糖12克＋水3克 ◆ 蛋白19克 ◆ 液狀鮮奶油156克 **橘子潘趣糖漿 Le punch mandarine** 橘子汁100克 ◆ 細砂糖15克 **酥餅 Le crumble** 室溫回軟的奶油30克 ◆ 杏仁粉30克 ◆ 紅糖30克 ◆ 麵粉23克 ◆ 無糖可可粉6克 **完成 La finition** 糖粉

橘子鏡面

前一天，將可可脂和用鋸齒刀切碎的巧克力一起放入攪拌盆中，隔水加熱至融化。將糖、橘子汁和葡萄糖煮至106℃，倒入煉乳中，再混入泡水20分鐘至泡開的吉力丁。混入融化的巧克力和食用黃色色素，用手持式電動攪拌棒攪打，過濾。冷藏保存至隔天。

巧克力奶油餡

當天，將鋸齒刀切碎的巧克力放入攪拌盆中。將液狀鮮奶油煮沸，混合蛋黃和糖，倒入鮮奶油，煮至85℃，不停攪拌。分3次倒入切碎的黑巧克力中，用

手持式電動攪拌棒攪打。倒入直徑10公分且高9公分的圓形模型，將模型冷凍。

指形蛋糕體

將蛋白和糖打成泡沫狀蛋白霜。在攪拌盆中混合蛋黃和細砂糖，倒入泡沫狀蛋白霜。將麵粉和可可粉過篩，接著混入備料中。將麵糊倒入裝有12號平口擠花嘴的擠花袋，在鋪有烤盤紙的烤盤上擠出14條8公分長的麵糊，和1個直徑9.5公分的圓餅狀麵糊。篩上可可粉，入烤箱烤8分鐘。

糖煮橘子

加熱橘子汁和卡士達粉，混入以冷水泡15分鐘泡開的吉力丁，接著加入橘子皮果泥。放涼至25℃，接著倒入裝有8號平口擠花嘴的擠花袋，在指形蛋糕體圓餅上擠出螺旋狀的糖煮橘子。冷凍保存。

橘子慕斯

將橘子汁、橘子皮果泥、細鹽和奶油煮沸。在攪拌盆中攪打蛋黃、第一次秤重的細砂糖和卡士達粉，分3次倒入橘子汁等備料中，倒回平底深鍋中再度煮沸，不停攪拌，續煮3分鐘。混入用水泡20分鐘的吉力丁，倒出將保鮮膜緊貼在橘子奶油醬表面，放涼至31℃。

將第二次秤重的細砂糖和水煮至117℃。將蛋白攪打成泡沫狀蛋白霜，緩緩倒入煮至117℃的糖漿。

將液狀鮮奶油攪打成起泡的打發鮮奶油，和31℃的橘子奶油醬混合，接著輕輕混入攪打至降溫後的蛋白霜。

橘子潘趣糖漿

將橘子汁和糖加熱至60℃。

酥餅

在電動攪拌機的攪拌缸中攪拌奶油5分鐘，加入杏仁粉和紅糖，接著混入過篩的麵粉和可可粉。冷藏保存3小時。

將旋風烤箱預熱至160℃（溫控器5-6）。將酥餅麵團夾在二張烤盤紙間，擀平至5公釐厚，以直徑11.5公分的壓模裁切，放在鋪有烤盤紙的烤盤上，烤15分鐘。

組裝

用糕點刷在指形蛋糕體背面刷上橘子潘趣糖漿。在直徑15公分且高9公分的夏洛特蛋糕模（moule à charlotte）中並排地擺上指形蛋糕體。將橘子慕斯倒入裝有8號平口擠花嘴的擠花袋，在夏洛特蛋糕模中擠入140克的慕斯。將巧克力奶油餡脫模，擺在橘子慕斯上，再擠上45克的橘子慕斯。擺上冷凍的指形蛋糕體圓餅和糖煮橘子，再鋪上120克的橘子慕斯。擺上酥餅，冷凍保存4小時。

完成

將夏洛特蛋糕脫模在置於烤盤的網架上，為指形蛋糕體篩上糖粉。

將橘子鏡面加熱至22℃，倒入無擠花嘴的擠花袋。讓橘子鏡面從每個指形蛋糕體之間和蛋糕表面流下。輕輕將黑巧克力和橘色巧克力花瓣從塑膠片上剝離（份量外）。

依個人靈感為夏洛特蛋糕進行裝飾。冷藏保存2小時後再品嚐。

JADE
抹茶巧克力青玉蛋糕

―――――――――――――◆―――――――――――――◆―――――――――――――

Thierry Gilg
堤耶希·吉格

6人份

前一天開始準備
準備：前一天1小時，當天20分鐘
加熱：前一天約35分鐘，當天10分鐘
冷藏時間：20分鐘
冷凍：前一天2小時

抹茶奶油餡 Le crèmeux au thé vert matcha 吉力丁片0.8克 ◆ 液狀鮮奶油40克＋液狀鮮奶油125克 ◆ 抹茶粉5克 ◆ 白巧克力40克 **熱內亞蛋糕 Le pain de Gênes** 奶油45克 ◆ 去皮整顆杏仁83克 ◆ 細砂糖120克 ◆ 蛋50克＋蛋50克 ◆ 麵粉28克 ◆ 馬鈴薯澱粉18克 ◆ 櫻桃酒10克 **牛奶巧克力慕斯 La mousse chocolat au lait** 水15克 ◆ 細砂糖20克 ◆ 蛋黃40克 ◆ 可可脂含量36%的牛奶巧克力95克 ◆ 吉力丁片1.5克 ◆ 液狀鮮奶油150克 **完成 La finition** 開心果碎50克 ◆ 黑色鏡面（glaçage noir）100克 ◆ 占度亞榛果巧克力（gianduja）100克（請向當地的食品材料行購買）

抹茶奶油餡

前一天，用冷水浸泡吉力丁10分鐘，讓吉力丁軟化。將第一次秤重的液狀鮮奶油煮沸。將抹茶粉放入攪拌盆中，接著倒入煮沸的鮮奶油，一邊以手持式電動攪拌棒攪打。將吉力丁瀝乾並擰乾，混入備料中，接著放涼至60℃。

用鋸齒刀將巧克力切碎，放入攪拌盆中，隔水加熱或微波加熱至融化。分3次將冷卻至60℃的抹茶鮮奶油倒入融化的巧克力中，從中央開始朝外以繞圈的方式攪拌。

將第二次秤重的液狀鮮奶油攪打成打發鮮奶油，輕輕混入上述備料中。倒入邊長16公分的正方形矽膠模，將模型冷凍2小時。

熱內亞蛋糕

以小火將奶油加熱至融化。用食物料理機將整顆的去皮杏仁和糖一起打碎，混合第一次秤重的蛋一邊隔水加熱，一邊攪打至達65℃，接著倒入裝有槳狀攪拌棒的電動攪拌機鋼盆，混入第二次秤重的蛋，接著繼續攪打20分鐘。

將攪拌缸從電動攪拌機上取下，將麵粉和馬鈴薯澱粉過篩，一次混入備料中，用橡皮刮刀攪拌。加入融化的奶油和櫻桃酒，拌勻。將旋風烤箱預熱至180℃（溫控器6）。將備料倒入18公分的正方形矽膠模，模型則置於烤盤上，烘烤18分鐘。將熱內亞蛋糕脫模，擺入邊長18公分的正方形蛋糕框中。

牛奶巧克力慕斯

將水和糖煮沸,形成糖漿。將蛋黃放入裝有球狀攪拌棒的電動攪拌機鋼盆中攪打,一邊將煮沸的糖漿以細流狀緩緩淋在蛋黃上,一邊攪打至完全冷卻。用鋸齒刀將巧克力切碎,放入攪拌盆中,隔水加熱至45℃,讓巧克力融化。將液狀鮮奶油攪打成打發鮮奶油,將1/4的打發鮮奶油混入45℃的融化巧克力中,接著混入蛋黃等混合物攪拌,最後混入剩餘的打發鮮奶油。

完成

為抹茶奶油餡方塊脫模,擺入模型內的熱內亞蛋糕上。倒入牛奶巧克力慕斯,冷藏保存至隔天。

當天,將蛋糕脫模在網架上,網架則置於鋪有烤盤紙的烤盤上,均勻地為側邊鋪上開心果碎。

將鏡面放入隔水加熱的攪拌盆中,加熱至38℃,不時輕輕攪拌。

用鋸齒刀將占度亞榛果巧克力切碎。放入碗中,隔水加熱至30℃,不時攪拌。倒在烤盤紙上,接著鋪開。在占度亞榛果巧克力開始凝固時,切成邊長18公分的方塊,接著稍微錯開中心點將中間挖空,形成另一個邊長14公分的正方形,入冰箱冷藏20分鐘。將挖空的占度亞榛果巧克力方塊擺在蛋糕上,在占度亞榛果巧克力方塊中央,倒入加熱至38℃的黑色鏡面。冷藏保存至品嚐蛋糕的時刻。

FORÊT-NOIRE
黑森林蛋糕

Daniel Rebert	6至8人份	前一天開始準備
丹尼爾‧羅伯		準備：前一天40分鐘，當天15分鐘
		加熱：前一天30分鐘，當天約5分鐘
		冷藏時間：前一天1小時＋12小時

巧克力蛋糕體 Le biscuit chocolat 杏仁含量50%的室溫杏仁膏30克 ◆ 細砂糖70克 ◆ 蛋45克＋蛋100克 ◆ 奶油13克 ◆ 麵粉18克 ◆ 無糖可可粉20克 **巧克力慕斯 La mousse au chocolat** 脂肪含量35%的液狀鮮奶油65克＋脂肪含量35%的液狀鮮奶油220克 ◆ 牛乳65克 ◆ 細砂糖6.5克＋細砂糖6.5克 ◆ 蛋黃25克 ◆ 可可脂含量70%的黑巧克力175克 **香草慕斯 Le suprême vanille** 牛乳10克 ◆ 脂肪含量35%的液狀鮮奶油40克＋脂肪含量35%的液狀鮮奶油285克 ◆ 細砂糖9克＋細砂糖9克 ◆ 香草莢2根 ◆ 蛋黃30克 ◆ 吉力丁粉6克＋水36克 ◆ 櫻桃酒8克 **巧克力環與巧克力捲 L'anneau et les rouleaux au chocolat** 可可脂含量70%的黑巧克力200克 **紅色鏡面 Le glaçage rouge** 無色無味的鏡面果膠（glaçage neutre）125克 ◆ 天然食用紅色色素10克 **完成 La finition** 糖粉 ◆ 酒漬櫻桃（cerise au kirsch）5至6顆

巧克力蛋糕體

前一天，記得將杏仁膏置於室溫下2小時或微波加熱5秒，讓杏仁膏軟化。

將旋風烤箱預熱至180℃（溫控器6）。

在軟化的杏仁膏中混入糖，接著是第一次秤重的蛋，攪打備料，接著慢慢加入第二次秤重的蛋。以小火將奶油加熱至融化。將麵粉和可可粉過篩至烤盤紙上，再混入備料中，接著是融化奶油，一邊輕輕攪拌。將麵糊倒在鋪有烤盤紙的烤盤上，接著均勻地鋪成邊長25公分的正方形。入烤箱烤8分鐘。

巧克力慕斯

將第一次秤重的液狀鮮奶油、牛乳和第一次秤重的糖煮沸。在攪拌盆中攪打蛋黃和糖至起泡，將少量煮沸的牛乳倒入蛋黃和糖的混料中，一邊快速攪打，接著再倒回鍋中。持續烹煮並攪拌至英式奶油醬達85℃的溫度。用鋸齒刀將巧克力切碎，將巧克力放入攪拌盆中，隔水加熱至30℃至35℃之間，讓巧克力融化，接著混入熱的英式奶油醬，用手持式電動攪拌棒攪打至均勻。將液狀鮮奶油攪打至形成打發鮮奶油，輕輕混入巧克力英式奶油醬中。

香草慕斯

將牛乳與第一次秤重的液狀鮮奶油、第一次秤重的糖和剖半刮出籽的香草莢煮沸。在攪拌盆中,將蛋黃和第二次秤重的糖攪打至起泡。將部分煮沸的牛乳倒入蛋黃和糖的混料中,一邊用力攪拌,接著再倒回平底深鍋,繼續烹煮,一邊攪拌至英式奶油醬到達85℃的溫度。立刻將平底深鍋放入裝有水和冰塊的攪拌盆中降溫。

以小火將水加熱,接著倒入吉力丁粉。吉力丁一融化就混入還溫熱的香草英式奶油醬。放涼,混入櫻桃酒。將液狀鮮奶油攪打成打發鮮奶油,輕輕混入香草奶油醬中。

黑森林蛋糕的組裝

在鋪有烤盤紙的烤盤,擺上1個直徑18公分、高4.5公分的蛋糕圈。為了讓蛋糕能夠輕鬆脫模,請在蛋糕圈內側貼上高4.5公分、長18公分的帶狀塑膠片(Rhodoïd)。

將巧克力蛋糕體切成直徑18公分的圓餅,擺在蛋糕圈底部,接著倒入巧克力慕斯。撒上酒漬櫻桃。冷藏保存1小時,接著淋上香草慕斯,將表面抹平。冷藏保存至隔天。

巧克力環與巧克力捲

當天,為巧克力進行調溫(見310頁)。倒在冷的大理石板或花崗岩上,用抹刀鋪開。立刻裁出第一片寬1.5公分且長32公分的長條,作為巧克力環用。接著是寬2公分且長15公分的長條,作為巧克力捲用。立刻從大理石板上剝離,接著將15公分的長條捲成巧克力捲,將32公分的巧克力長條圍在壓模內側,固定成環狀。

紅色鏡面

在小型平底深鍋中混合鏡面果膠和食用紅色色素,以小火加熱。

將黑森林蛋糕擺在置於烤盤的網架上,將蛋糕圈和塑膠片(Rhodoïd)移除,為黑森林蛋糕淋上紅色鏡面。

完成

為巧克力捲篩上糖粉。將巧克力環擺在黑森林蛋糕上,接著放入巧克力捲,放上酒漬櫻桃。品嚐。

CRIMSON
緋紅蛋糕

Jean-Michel Reynaud
尚米歇爾·雷諾

8人份

前一天開始準備
準備：前一天40分鐘，當天30分鐘
加熱：前一天約2小時，當天約10分鐘
浸泡時間：前一天2至3分鐘
冷藏時間：前一天12小時＋1小時，當天2小時
冷凍：當天4至5小時

桑葚慕斯林奶油醬 La mousseline mûres 桑葚泥200克 ◆ 水50克 ◆ 伯爵茶2包 ◆ 細砂糖60克＋細砂糖60克 ◆ 卡士達粉30克 ◆ 蛋黃80克 ◆ 冷奶油95克＋室溫回軟的奶油95克 ◆ 吉力丁片4克 ◆ 脂肪含量35%的液狀鮮奶油150克 ◆ 蛋白50克 **烤布蕾奶油餡 Le crémeux crème brûlée** 牛乳125克 ◆ 液狀鮮奶油125克 ◆ 香草莢1根 ◆ 蛋黃3顆 ◆ 細砂糖50克 ◆ 吉力丁片2克 **桑葚巧克力布朗尼 Le brownie chocolat-mûres** 可可脂含量70%的黑巧克力150克 ◆ 細砂糖150克 ◆ 蛋100克 ◆ 麵粉30克 ◆ 泡打粉1小匙 ◆ 無糖可可粉20克 ◆ 法式高脂酸奶油（crème fraîche épaisse）50克 ◆ 室溫回軟的奶油40克＋模型用奶油 ◆ 冷凍桑葚100克 ◆ 干邑白蘭地（cognac）50克 **巧克力鏡面 Le glaçage chocolat** 葡萄糖5克 ◆ 水120克 ◆ 細砂糖120克 ◆ 牛乳225克 ◆ 棕色巧克力鏡面335克 ◆ 可可脂含量62%的巧克力250克 **紫紅色噴霧 Le spray pourpre**（可省略） 可可脂300克 ◆ 天然紅色和藍色食用色素幾滴 **完成 La finition** 細砂糖 ◆ 桑葚

桑葚慕斯林奶油醬

前一天，將桑葚泥和水煮沸。離火後，加入伯爵茶包浸泡2至3分鐘，將茶包取出，並小心將黏附的果肉取下。

在攪拌盆中混合第一次秤重的糖、卡士達粉和蛋黃，混入1/3的熱桑葚泥。攪拌後再倒入剩餘的桑葚泥，煮沸後離火。混入第一次秤重的切塊冷奶油，用手持式電動攪拌棒攪打至均勻。蓋上保鮮膜，冷藏至隔天。

烤布蕾奶油餡

將旋風烤箱預熱至80℃（溫控器2-3）。將牛乳、液狀鮮奶油和剖半刮出籽的香草莢煮沸。在攪拌盆中混合蛋黃和糖，將1/3的牛乳等備料倒入蛋黃和糖中，攪拌至奶油醬均勻，接著再倒回剩餘的熱牛乳中，以小火加熱平底深鍋，用橡皮刮刀攪拌至奶油醬變得濃稠。用細孔濾器將奶油醬過濾至冷的攪拌盆中，接著倒入直徑18公分且高2公分的模型內，入烤箱烤40分鐘。用水泡吉力丁片15分鐘，將吉力丁片泡開。將烤好的布蕾奶油醬倒入攪拌盆中，接著混入瀝乾和按壓過的吉力丁，攪拌至奶油醬均勻，接著再倒入直徑18公分且高2公分，擺在鋪有保鮮膜烤盤上的塔圈中。在奶油醬表面緊貼上保鮮膜，接著將奶油餡冷凍凝固。

桑葚巧克力布朗尼

將旋風烤箱預熱至170℃（溫控器5-6）。用鋸齒刀將巧克力切碎，放入攪拌盆中，隔水加熱至融化。將攪拌盆從隔水加熱的鍋中取出，混入糖，用橡皮刮刀混合，接著混入蛋，不停攪拌。將麵粉、泡打粉和可可粉一起過篩，混入備料中，接著加入高脂法式酸奶油、桑葚和干邑白蘭地。將備料倒入刷上大量奶油，直徑25公分的模型中，入烤箱烤1小時。出爐後，放涼，接著冷藏1小時後再為布朗尼脫模。用保鮮膜包起，保存至隔天。

桑葚慕斯林奶油醬（接續）

當天，將吉力丁泡水15分鐘，將吉力丁泡開。電動攪拌機裝上球狀攪拌棒，在攪拌缸中攪拌冷卻的桑葚備料，接著緩緩混入切塊的軟化的膏狀奶油。以高速攪拌至形成濃稠滑順的奶油醬。將瀝乾並擠乾的吉力丁微波加熱至融化，混入上述備料中。

將液狀鮮奶油攪打成打發鮮奶油，冷藏保存。將蛋白和第二次秤重的糖攪打至濕性發泡的蛋白霜。將打發鮮奶油混入桑葚備料中，接著是泡沫狀蛋白霜混合均勻。

巧克力鏡面

將葡萄糖、水、糖和牛乳煮沸。將融化的棕色巧克力鏡面以及用鋸齒刀切碎的巧克力一起放入攪拌盆中。將備料倒入煮沸的牛乳等混合物，一邊攪拌。用手持式電動攪拌棒攪打至鏡面變得平滑。

紫紅色噴霧

以小火將可可脂加熱至融化。混入幾滴紅色和藍色的食用色素，染成紫紅色。

完成

將凝固的烤布蕾奶油餡從冷凍庫中取出。表面撒上糖，接著用熱的烙鐵或噴槍將表面烤成焦糖，再將烤布蕾奶油餡冷凍。將2片長35公分的保鮮膜用滾的方式揉成繩子狀。為直徑22公分且高3.5公分的蛋糕圈內鋪上一張塑膠片（Rhodoïd），在蛋糕圈的底部和邊緣擺上揉好的2條保鮮膜，並讓保鮮膜在中央交錯，形成之後的裂縫狀。用抹刀在蛋糕圈內緣鋪上桑葚慕斯林奶油醬，接著再將桑葚慕斯林奶油醬鋪至蛋糕圈一半的高度。擺上烤布蕾奶油餡，焦糖面朝上。再鋪上桑葚慕斯林奶油醬至蛋糕圈的高度。用抹刀將表面抹平，冷凍保存2至3小時。

從桑葚巧克力布朗尼中切出直徑22公分的圓餅。

將冷凍蛋糕脫模，輕輕移去保鮮膜和塑膠片（Rhodoïd），將蛋糕擺在置於烤盤的網架上。

將紫紅色噴霧加熱至30℃，接著裝入奶油槍或噴霧罐中。分3次將噴霧噴在蛋糕上，再將蛋糕冷凍1小時。

將蛋糕從冷凍庫中取出，擺在布朗尼圓餅上，接著為蛋糕裂縫淋上融化的巧克力鏡面，用糕點刷小心地為蛋糕的表面和側面裂縫補上融化的巧克力鏡面。再將蛋糕冷凍1小時。

將巧克力鏡面加熱至30℃，接著在裂縫上鋪上薄薄的第二層鏡面，以桑葚、巧克力片及銀箔（份量外）裝飾。將蛋糕冷藏2小時後再品嚐。

DARTOISE
達朵派

François Granger	8人份	前一天開始準備
方索瓦‧格蘭杰		準備：前一天35分鐘
		加熱：前一天約55分鐘
		冷藏時間：12小時

甘那許內餡 La ganache pour la garniture 可可脂含量53%的特黑巧克力（extra-noir）220克 ◆ 牛奶巧克力40克 ◆ 液狀鮮奶油100克 ◆ 全脂牛乳85克 ◆ 室溫回軟的奶油20克 **蛋糕體 Le biscuit** 去皮杏仁粉（amandes blanches en poudre）125克 ◆ 糖粉125克＋蛋糕體圓餅烘烤用糖粉 ◆ 蛋白60克 ◆ 蛋白240克＋細砂糖75克 ◆ 杏仁片40克 **完成 La finition** 糖粉

內餡甘那許

前一天用鋸齒刀將特黑巧克力和牛奶巧克力切碎，將巧克力碎放入攪拌盆中。將液狀鮮奶油和全脂牛乳煮沸，接著分2次倒入巧克力中，一邊從中央開始朝外以繞圈方式攪拌。混入軟化的膏狀奶油，接著將甘那許倒入小型焗烤盤，將保鮮膜緊貼在甘那許表面。讓甘那許在室溫下凝固。

蛋糕體

將去皮杏仁粉和糖粉一起放入攪拌盆中，和第一次秤重的蛋白混合。在第二次秤重的蛋白中慢慢混入糖，打成泡沫狀蛋白霜。慢慢將泡沫狀蛋白霜混入先前的備料中，輕輕攪拌至形成麵糊。

將旋風烤箱預熱至145℃（溫控器4-5）。

烤盤鋪烤盤紙，放上2個直徑22公分的塔圈，將蛋糕體麵糊分裝至塔圈內，將表面抹平，再將塔圈移除。為麵糊篩上糖粉，其中一份麵糊再撒上杏仁片。

入烤箱烤約50分鐘。出爐後，將蛋糕體圓餅擺在網架上放涼，接著將烤盤紙剝離。

將甘那許倒入裝有14號星形擠花嘴的擠花袋，在沒有杏仁片的蛋糕體圓餅上擠出一個螺旋狀的甘那許。擺上鋪有杏仁片的蛋糕體圓餅，冷藏保存至隔天。

完成

當天，品嚐前二小時將無麩質的達朵派從冰箱中取出。享用時再篩上糖粉。

TARTUFINA
松露巧克力蛋糕

| Iginio Massari | 蛋糕2塊 | 準備：40分鐘 |
| 伊吉尼歐・馬薩里 | 每塊6人份 | 加熱：約45分鐘 |

可可蛋糕體 Les biscuits cacao 蛋250克 ◆ 細砂糖280克 ◆ 蛋黃150克 ◆ 麵粉266克＋模型用麵粉 ◆ 無糖可可粉33克 ◆ 奶油33克＋模型用奶油20克 **松露巧克力奶油醬 La crème Tartufina** 牛乳340克 ◆ 蛋黃80克 ◆ 細砂糖70克 ◆ 卡士達粉26克 ◆ 可可脂含量75%的黑巧克力340克 ◆ 榛果醬（pâte de noisettes）80克 ◆ 奶油85克 ◆ 陳年深色蘭姆酒（vieux rhum brun agricole）50克 **蘭姆浸潤糖漿 Le sirop d'imbibage au rhum** 水130克 ◆ 細砂糖130克 ◆ 陳年深色蘭姆酒50克 **完成 La finition** 無糖可可粉

可可蛋糕體

將旋風烤箱預熱至180℃／190℃（溫控器6-7）。
在攪拌盆中，用電動攪拌機攪打蛋和糖約10分鐘。慢慢混入蛋黃，繼續攪拌3分鐘。將麵粉和可可粉過篩，接著用橡皮刮刀混入備料中。將奶油加熱至融化，接著倒入用橡皮刮刀混合。為2個直徑18公分且高4公分的模型刷上奶油，撒上麵粉，接著倒扣以去除多餘的麵粉。將麵糊分裝至模型中，入烤箱烤22至24分鐘。出爐後，將巧克力蛋糕體置於網架上放涼。將每塊蛋糕體橫切成3塊厚度相同的圓餅。

松露巧克力奶油醬

將牛乳煮沸。在碗中攪打蛋黃、糖和卡士達粉。倒入熱牛乳，一邊快速攪打。再將打好的奶油醬倒回平底深鍋中，不停攪拌，將奶油醬煮至84℃。混入用鋸齒刀切碎的巧克力、榛果醬和切塊奶油。攪拌至奶油醬變得微溫，接著混入陳年深色蘭姆酒。

蘭姆浸潤糖漿

將水和糖煮沸以製作糖漿，放涼後混入陳年深色蘭姆酒。

完成

將2個直徑18公分且高4.5公分的蛋糕圈，擺在鋪有烤盤紙的烤盤上。在蛋糕圈內側鋪上一張塑膠片（Rhodoïd），以利脫模。將第一塊巧克力蛋糕體圓餅擺在塔圈底部，用糕點刷刷上蘭姆浸潤糖漿。
鋪上第一層松露巧克力奶油醬，擺上第二塊巧克力蛋糕體圓餅，用糕點刷刷上蘭姆浸潤糖漿。鋪上第二層松露巧克力奶油醬，最後擺上第三塊巧克力蛋糕體圓餅來完成蛋糕的組裝。用糕點刷刷上蘭姆浸潤糖漿，在表面再鋪上一層松露巧克力奶油醬並抹平，將蛋糕冷藏2小時。將蛋糕圈和塑膠片（Rhodoïd）移除，在蛋糕周圍鋪上松露巧克力奶油醬，接著用齒狀刮板（corne sculpteur）或依個人靈感在奶油醬上劃出條紋。為蛋糕的側面和表面篩上可可粉。品嚐。

ZEN
禪

Aurélien Trottier 8人份 前一天開始準備
歐黑里安・托堤耶 準備：前一天45分鐘
加熱：前一天約1小時，當天約3分鐘
冷藏時間：約14小時

沙赫蛋糕體 Le biscuit Sacher 室溫杏仁膏100克 ◆ 蛋黃50克 ◆ 細砂糖30克 ◆ 蛋35克 ◆ 可可膏（pâte de cacao）25克 ◆ 奶油20克 ◆ 蛋白55克＋細砂糖30克 ◆ 麵粉25克＋無糖可可粉10克 **柚子占度亞奶油餡 Le cremeux Gianduja au yuzu** 液狀鮮奶油50克 ◆ 牛乳65克 ◆ 蛋黃20克 ◆ 細砂糖10克 ◆ 占度亞牛奶巧克力（Gianduja au lait）115克 ◆ 柚子汁10克 **黑巧克力慕斯 La mousse chocolat noir** 液狀鮮奶油65克＋液狀鮮奶油150克 ◆ 牛乳65克 ◆ 蛋黃15克 ◆ 細砂糖10克 ◆ 可可脂含量64%的黑巧克力115克 **榛果奴軋汀 La nougatine noisette** 室溫回軟的奶油15克 ◆ 糖粉20克 ◆ 葡萄糖15克 ◆ 榛果25克 **完成 La finition** 可可脂含量64%的黑巧克力100克 ◆ 無糖可可粉 ◆ 榛果12顆 ◆ 食用金粉

沙赫蛋糕體

前一天，記得將杏仁膏置於室溫下2小時，或微波加熱5秒，讓杏仁膏軟化。

將旋風烤箱預熱至170℃（溫控器5-6）。

在軟化的杏仁膏中混入蛋黃、糖和蛋，將混合物打發至麵糊形成緞帶狀。

用鋸齒刀將可可膏切碎，接著和奶油一起加熱至融化，並加熱至40℃。將蛋白和糖攪打成泡沫狀的蛋白霜。

將融化的可可膏和奶油等備料和緞帶狀蛋糊混合，接著輕輕混入泡沫狀蛋白霜。將麵粉和可可粉過篩至烤盤紙上，將麵粉和可可粉的混入備料中。將寬36公分且長56公分的烤盤墊置於烤盤上（或2個鋪有烤盤紙的烤盤），將麵糊倒入均勻地鋪開，入烤箱烤12分鐘。

出爐後，將沙赫蛋糕體放涼。從冷卻的沙赫蛋糕體中切出2塊圓餅，第一塊直徑14公分，第二塊直徑16公分。

柚子占度亞奶油餡

將液狀鮮奶油和牛乳煮沸。在攪拌盆中攪打蛋黃和糖至起泡，將煮沸的鮮奶油和牛乳倒入蛋黃和糖的混料中，一邊快速攪拌，接著再倒回平底深鍋。繼續煮至英式奶油醬達85℃的溫度，持續攪拌。用鋸齒刀將占度亞牛奶巧克力切碎，放入攪拌盆中，接著混入熱的英式奶油醬和柚子汁，用手持式電動攪拌棒攪打至均勻備料。用保鮮膜包覆直徑14公分的塔圈，接著擺在鋪有保鮮膜的烤盤上。倒入柚子占度亞奶油餡，冷藏凝固2小時。

黑巧克力慕斯

以平底深鍋將第一次秤重的液狀鮮奶油和牛乳煮沸。
在攪拌盆中將蛋黃和糖攪打至起泡,將煮沸的牛乳及
鮮奶油倒入蛋黃和糖的混料中,一邊用力攪拌,接著
再倒回平底深鍋中。繼續烹煮並一邊攪拌,煮至英式
奶油醬達85℃的溫度。用鋸齒刀將黑巧克力切碎,
放入攪拌盆中,接著混入熱的英式奶油醬。用手持
式電動攪拌棒攪打備料。放涼,將液狀鮮奶油攪打成
柔軟的打發鮮奶油,混入巧克力英式奶油醬中。冷藏
保存。

榛果奴軋汀

將旋風烤箱預熱至170℃(溫控器5-6)。將室溫回軟
的奶油放入攪拌盆中,加入過篩的糖粉。將葡萄糖融
化,接著混入上述備料中,攪拌至平滑。將榛果切
碎,接著混入備料中。將直徑16公分的塔圈,擺在鋪
有烤盤紙的烤盤上,將備料倒入塔圈內,入烤箱烤10
分鐘。出爐後放涼,接著移去塔圈。

將旋風烤箱溫度調低至150℃(溫控器5)。在烤盤上
擺上12顆裝飾用榛果,放入烤箱,烤15分鐘,並不
時取出搖動。

組裝

用保鮮膜將直徑16公分且高4.5公分的蛋糕圈包起,
接著擺在鋪有保鮮膜的烤盤上。將320克的黑巧克力
慕斯倒入蛋糕圈,用抹刀將表面抹平。將柚子占度亞
奶油餡的塔圈移除,先擺在第一塊沙赫蛋糕體圓餅
上,再整個擺至黑巧克力慕斯上。放上奴軋汀圓餅,
淋上剩餘60克的黑巧克力慕斯。最後擺上第二塊直徑
16公分的沙赫蛋糕體圓餅。冷藏保存至隔天。

完成

當天,用鋸齒刀將巧克力切碎。放入攪拌盆中,隔水
加熱至融化備用。將襌倒扣在烤盤上,接著輕輕移
去蛋糕圈和保鮮膜。為蛋糕篩上可可粉。將黑巧克
力倒入烤盤紙製的圓錐形紙袋,在蛋糕表面擠出螺旋
狀的黑巧克力。將一半的烘焙榛果切半。為整顆的榛
果滾上食用金粉,裝飾在蛋糕上。冷藏保存至品嚐的
時刻。

DÔME ÉTOILÉ
星頂蛋糕

| Sébastien Brocard
賽巴堤安・布洛卡 | 8人份 | 提前二天準備
準備：前二天15分鐘，前一天35分鐘，
當天15分鐘
加熱：前二天約12分鐘，前一天約50分鐘，
當天約3分鐘
冷凍：12小時
冷藏時間：2 × 12小時
（奶油醬的浸泡與鏡面）＋ 5小時 |

香草布蕾奶油醬 La crème brûlée vanille 全脂牛乳73克 ◆ 液狀鮮奶油50克 ◆ 香草莢1根 ◆ 零陵東加豆（fève tonka）0.3克 ◆ 蛋黃20克 ◆ 細砂糖18克 ◆ 吉力丁粉1.5克＋冷水7.5克 **黑色鏡面 Le glaçage noir** 脂肪含量35%的液狀鮮奶油80克 ◆ 細砂糖180克 ◆ 水100克 ◆ 可可粉70克 ◆ 吉力丁粉6克＋冷水30克 **巧克力蛋糕體 Le biscuit chocolat** 蛋黃75克＋細砂糖65克 ◆ 奶油22克 ◆ 蛋白75克＋細砂糖20克 ◆ 麵粉37克 ◆ 可可粉15克 **布列塔尼酥餅 Le sablé breton** 麵粉100克 ◆ 泡打粉5克 ◆ 室溫回軟的奶油70克 ◆ 蛋黃30克 ◆ 紅糖（cassonade）70克 ◆ 細鹽1撮 **焦糖巧克力慕斯 La mousse chocolat caramel** 吉力丁粉3克＋冷水15克 ◆ 液狀鮮奶油120克＋液狀鮮奶油360克 ◆ 細砂糖52克 ◆ 蛋黃32克 ◆ 可可脂含量70%的黑巧克力175克

香草布蕾奶油醬

提前二天製作香草布蕾奶油醬。將牛乳、液狀鮮奶油、剖半刮出籽的香草莢，以及刨碎的零陵東加豆煮沸。倒入攪拌盆並攪拌，將攪拌盆加蓋，冷藏保存並浸泡至隔天。

黑色鏡面

永遠都要提前二天，將液狀鮮奶油加熱。將糖和水煮沸至110℃，加入微溫的鮮奶油和過篩的可可粉，用手持式電動攪拌棒攪打。以細孔網篩過濾。用冷水將吉力丁泡開，混入備料中，蓋上保鮮膜。冷藏保存至隔天。

香草布蕾奶油醬（接續）

前一天，將浸泡牛乳等備料過濾，在平底深鍋中加熱至微溫。將蛋黃和糖攪打至混料泛白，慢慢將牛乳倒入蛋黃和糖的混料中。再倒回鍋中。不停攪拌，以小火煮至82℃。立刻離火，將鍋底浸入裝有冰水的盆中。用冷水將吉力丁泡開，接著以小火煮至融化，混入稍微降溫的香草奶油醬。將備料倒入直徑10公分的半球形矽膠模。

巧克力蛋糕體

將旋風烤箱預熱至180℃（溫控器6）。將蛋黃和第一次秤重的糖攪打至起泡。以小火將奶油加熱至融化。將蛋白在另一個鋼盆中攪打至形成泡沫狀蛋白霜，一邊慢慢混入第二次秤重的糖。將微溫的融化奶油倒入蛋黃和糖的混料中，接著用橡皮刮刀輕輕混入泡沫狀蛋白霜等備料中。將麵粉和可可粉一起過篩，接著混入上述備料成為麵糊，倒入裝有8號平口擠花嘴的擠花袋內。

在烤盤上鋪烤盤紙，在烤盤紙上描出2個直徑12公分的圓，將烤盤紙翻面擺在烤盤上，接著用擠花袋擠出2個螺旋狀的巧克力蛋糕麵糊，入烤箱烤12至15分鐘。

布列塔尼酥餅

混合麵粉和泡打粉。在電動攪拌機的攪拌缸中混合軟化的奶油、紅糖和鹽。加入麵粉混合。混入蛋黃，直到麵團光滑柔順，倒入攪拌盆中，冷藏靜置至少2小時。

將旋風烤箱預熱至150℃（溫控器5）。在撒有麵粉的工作檯上，將麵團壓平至1公分的厚度。在鋪有烤盤紙的烤盤上擺上一個直徑12公分的塔圈，將麵團放入塔圈，入烤箱烤12至14分鐘。

焦糖巧克力慕斯

用冷水將吉力丁泡開。將第一次秤重的液狀鮮奶油加熱，加蓋。將糖煮至形成深色焦糖，立刻將熱的鮮奶油倒入焦糖中，同時小心滾燙的液體可能會濺出，放涼至60℃，加入蛋黃，再加熱至70℃，不停攪拌。將泡開的吉力丁混入焦糖等備料中，混合。用鋸齒刀將巧克力切碎，倒入降溫至40℃／45℃的焦糖奶油醬中。將第二次秤重的液狀鮮奶油攪打至形成打發鮮奶油。輕輕將打發鮮奶油混入備料，直到形成均勻滑順的質地。

將香草布蕾圓頂脫模。將1/3的焦糖巧克力慕斯倒入1個直徑16公分的半球形矽膠模，用刮刀將巧克力慕斯在模型內均勻地鋪開，形成外殼。將香草布蕾圓頂擺在模型底部，蓋上第一層的焦糖巧克力慕斯，擺上1塊巧克力蛋糕體（將第二塊保留作為下一次使用或是冷凍保存）。蓋上第二層的焦糖巧克力慕斯，最後再擺上布列塔尼酥餅。

將填入餡料的模型冷凍至隔天。

當天，將黑色鏡面加熱至32℃。將模型浸入裝有溫水的攪拌盆中，脫模在網架上，而網架則置於烤盤上。淋上加熱至32℃的鏡面，依個人靈感為蛋糕進行裝飾。以餐盤冷藏保存至少3小時後再品嚐。

SAINT-HONORÉ
JIVARA
吉瓦納聖多諾黑

Frederic Cassel
費德烈克・卡塞

6至8人份

提前二天準備

準備：前二天30分鐘，前一天15分鐘，當天40分鐘
冷藏時間：前二天約12小時＋6×2小時，前一天約2×8小時，
當天1小時（泡芙麵糊靜置）
加熱：前一天5分鐘，當天約1小時30分鐘
浸泡時間：30分鐘

折疊派皮 La pâte feuilletée 精製白麵粉（farine de gruau）500克 ◆ T45麵粉500克 ◆ 細鹽25克 ◆ 奶油150克 ◆ 水450克＋奶油700克 **吉瓦納絲滑奶油醬 La crème Namelaka Jivara** 吉力丁片2.5克 ◆（吉瓦納）牛奶巧克力175克 ◆ 葡萄糖漿5克 ◆ 牛乳100克 ◆ 液狀鮮奶油200克 **泡芙麵糊 La pâte à choux** 牛乳75克 ◆ 水75克 ◆ 細鹽3克 ◆ 細砂糖3克 ◆ 奶油68克 ◆ 麵粉83克 ◆ 蛋120克 **卡士達奶油醬 La crème pâtissière** 全脂牛乳200克 ◆ 香草莢1/2根 ◆ 蛋黃32克 ◆ 紅糖50克 ◆ 卡士達粉18克 ◆ 奶油8克 **輕盈卡士達奶油醬 La crème patissière allégée** 液狀鮮奶油150克 ◆ 卡士達奶油醬（見下方食譜）300克 **香草焦糖 Le caramel à la vanille** 細砂糖250克 ◆ 水100克 ◆ 葡萄糖漿35克 ◆ 香草粉1克

折疊派皮

提前二天，在裝有勾狀攪拌棒的攪拌缸中，混合麵粉、細鹽和第一次秤重的切塊奶油。倒入水，接著以高速攪拌至麵團均勻。將麵團揉成球狀，割出十字切口，冷藏保存3小時。在撒有麵粉的工作檯上，將麵團的十字切口向外翻成四角壓扁，接著擀成邊長30公分的正方形麵皮，並讓中央略為鼓起。用擀麵棍將第二次秤重的奶油，敲打至形成邊長15至20公分的正方形。將奶油轉45度擺在正方形的麵皮中央，將4邊朝奶油折起。將麵團擀成約1公釐厚的長方形，將麵皮折3折，形成皮夾折。將麵團轉90度，冷藏靜置2小時。繼續同樣的步驟5次，將完成折疊的派皮冷藏保存至隔天。

前一天，取250克的折疊派皮，將剩餘的派皮冷凍。將折疊派皮擀成直徑20公分的圓餅，冷藏保存至隔天。

吉瓦納絲滑奶油醬

前一天，將吉力丁片泡水15分鐘至軟化。用鋸齒刀切碎的牛奶巧克力，放入攪拌盆中，隔水加熱至45℃，讓巧克力融化。將牛乳煮沸，混入瀝乾並擰乾的吉力

丁，用網篩過濾牛乳，接著緩緩倒入融化的巧克力中，直到形成有彈性且帶光澤的質地。用手持式電動攪拌棒攪打，倒入冰涼的液狀鮮奶油，再度以電動攪拌棒攪打幾秒鐘，將吉瓦納絲滑奶油醬冷藏保存至隔天。

泡芙麵糊

當天，將牛乳、水、細鹽、糖和奶油以平底深鍋煮沸，倒入過篩的麵粉，一邊用力攪拌，再度以中火加熱平底深鍋，攪拌3至4分鐘，直到麵糊不沾黏鍋邊。將麵糊放入裝有攪拌槳的電動攪拌機鋼盆中。混入蛋，一次一顆。將泡芙麵糊倒入裝有10號平口擠花嘴的擠花袋中。

將旋風烤箱預熱至240℃（溫控器8）。在鋪有烤盤紙的烤盤上擠出25顆泡芙，入烤箱烤15分鐘，接著將烤箱溫度調低至170℃（溫控器5-6），烤約20分鐘。將折疊派皮圓餅從冰箱取出。在烤盤上擺上烤盤紙，用糕點刷刷上水分，將折疊派皮圓餅擺在烤盤紙上，用叉子在派皮上戳洞。冷藏靜置1小時。取出在折疊派皮圓餅邊緣5公釐處擠上一圈的泡芙麵糊，接著在內側擠出另一個小的螺旋形麵糊，放入預熱至170℃（溫控器5-6）的烤箱烤40分鐘。

卡士達奶油醬

將牛乳和剖半刮出籽的香草莢煮沸，離火浸泡30分鐘。在平底深鍋中攪打蛋黃、紅糖和卡士達粉，緩緩倒入浸泡香草的牛乳，煮沸並不停攪拌。續煮2分鐘，將鍋底浸入一盆冰塊中，在奶油醬達60℃時，混入奶油。將保鮮膜緊貼在卡士達奶油醬表面。

輕盈卡士達奶油醬

將液狀鮮奶油攪打至形成打發鮮奶油。用打蛋器將卡士達奶油醬攪拌至平滑。用打蛋器混入1/3的打發鮮奶油，接著加入剩餘的打發鮮奶油。將輕盈卡士達奶油醬倒入裝有10號擠花嘴的擠花袋。將擠花嘴插入泡芙底部，填入輕盈卡士達奶油醬。

香草焦糖

將細砂糖、水和葡萄糖漿煮至160℃。混入香草粉。

組裝

將泡芙頂端浸入熱的香草焦糖中，接著焦糖面朝下，一一擺在烤盤紙上，讓焦糖泡芙冷卻。將焦糖泡芙翻面，沒有焦糖的那一面蘸一點點焦糖附著在泡芙圓環上。在聖多諾黑蛋糕底部鋪上剩餘的輕盈卡士達奶油醬，用抹刀抹平。

將吉瓦納絲滑奶油醬倒入裝有聖多諾黑擠花嘴的擠花袋。

在輕盈卡士達奶油醬上擠出曲折狀（見314頁）的吉瓦納絲滑奶油醬。冷藏保存至品嚐的時刻。

此食譜的照片為本書的封面。

精美絕倫的塔派

Exquises

◆ ——— ◆ ——— ◆

LES TARTES

TARTE
FRAMBOISE
覆盆子塔

Michel Bannwarth	6至8人份	準備：25分鐘
米歇爾‧班華斯		加熱：約30分鐘
		冷藏時間：30分鐘

榛果塔皮麵團 La pâte Congrès 去皮榛果250克＋細砂糖250克 ◆ 室溫回軟的奶油450克＋模型用奶油 ◆ 細砂糖125克 ◆ 肉桂粉（cannelle en poudre）12.5克 ◆ 未經加工處理的黃檸檬皮1/2顆 ◆ 蛋150克 ◆ 麵粉500克＋工作檯用麵粉
覆盆子果凝 La gelée de framboises 新鮮覆盆子150克（或覆盆子果泥100克） ◆ 細砂糖110克 **完成 La finition** 新鮮覆盆子600克 ◆ 糖粉

榛果塔皮麵團

將旋風烤箱預熱至180℃（溫控器6）。用食物調理機將榛果和糖打碎成粉。混合軟化的膏狀奶油和糖、肉桂粉和檸檬皮。混入連糖一起打碎的榛果粉、蛋，接著是麵粉，勿過度攪拌麵團。將麵團以保鮮膜包覆，冷藏保存30分鐘。取約300克的榛果塔皮麵團，並將剩餘的分成幾個麵團，包好冷凍保存。

在撒有麵粉的工作檯上將取出的麵團擀開。為直徑24公分且高2公分的塔圈刷上奶油，將麵皮入模，入烤箱烤25分鐘。脫模並置於網架上。

覆盆子果凝

用蔬果研磨器（moulin à légumes）將覆盆子磨成泥。在平底深鍋中加熱覆盆子泥。在覆盆子泥變熱時，混入糖。煮沸1分鐘，接著放涼。

完成

將覆盆子果凝鋪在冷卻的塔底。將新鮮覆盆子在塔內排成環狀。篩上薄薄一層糖粉。用烤盤紙製作圓錐紙袋，填入剩餘的覆盆子果凝，接著在每顆覆盆子頂端點上一小滴的果凝。

TARTE
AUX POMMES
蘋果塔

◆	◇	◆

Laurent Le Daniel
洛宏‧丹尼爾

8人份

前一天開始準備
準備：前一天10分鐘，當天約40分鐘
加熱：前一天約10分鐘，當天約1小時10分鐘
冷藏時間：2小時

鹹焦糖 Le caramel salé 細砂糖140克 ◆ 液體葡萄糖或葡萄糖粉140克 ◆ 液狀鮮奶油380克 ◆ 半鹽奶油120克 ◆ 鹽之花2克 **酥脆塔皮麵團 La pâte brisée** 麵粉250克 ◆ 冷奶油185克 ◆ 細砂糖10克 ◆ 細鹽5克 ◆ 牛乳40克 ◆ 蛋黃20克 ◆ 工作檯用麵粉 **杏仁奶油餡 La crème d'amandes** 奶油75克 ◆ 細砂糖75克 ◆ 杏仁粉75克 ◆ 蛋50克 ◆ 蛋黃20克 ◆ 液狀鮮奶油35克 **蘋果條 Les pommes allumettes** 蘋果800克（阿莫里克小皇后reinettes d'Armorique品種，或其他味道偏酸的硬質蘋果）◆ 奶油90克 ◆ 細砂糖120克 **完成 La finition** 糖粉

鹹焦糖

前一天，以小火加熱糖和葡萄糖。請勿以刮刀攪拌，而是要轉動平底深鍋，讓熱度散開且溫度均勻。以另一個小型平底深鍋加熱液狀鮮奶油。在糖和葡萄糖煮成的焦糖達175℃時，將平底深鍋離火，接著分3次倒入熱的液狀鮮奶油，以中止焦糖的烹煮，一邊以煮糖溫度計（thermomètre à sucre）攪拌。再度以中火加熱平底深鍋，將焦糖煮至107℃，放涼至40℃至45℃之間，接著混入分成小塊的半鹽奶油。小心並輕輕地攪拌，以免將氣泡混入焦糖中。加入鹽之花，再度用煮糖溫度計輕輕攪拌。冷藏保存至隔天。

酥脆塔皮麵團

當天，將麵粉、切塊的冷奶油、糖和細鹽放入裝有攪拌槳的電動攪拌機鋼盆中。攪拌至形成砂礫狀但還不到密實的質地，混入牛乳和蛋黃，用電動攪拌機攪拌至麵團開始變得平滑。勿過度攪拌麵團，以免出筋。用保鮮膜包起。冷藏靜置2小時。

將旋風烤箱預熱至170℃（溫控器5-6）。在撒有麵粉的工作檯上將麵團擀開。將直徑20公分的塔圈擺在鋪有烤盤紙的烤盤上，將塔皮入模，在塔皮底部鋪上一張有流蘇邊的烤盤紙，放滿豆粒，入烤箱烤15分鐘。將烤箱溫度調低至140℃（溫控器4-5），再烤15分鐘。將烤盤紙和豆粒移除。如有需要，可再用烤箱額外烤塔皮幾分鐘，以形成金黃色的塔底。

杏仁奶油餡

在沙拉碗中用橡皮刮刀將奶油攪拌成膏狀，接著混入糖和杏仁粉。加入蛋和蛋黃。用打蛋器將所有備料拌勻，接著混入液狀鮮奶油。將杏仁奶油餡鋪在預烤好的塔底，入烤箱烤30分鐘。

蘋果條

將蘋果削皮，接著用蘋果去核器（vide-pomme）去掉蘋果的籽和皮膜（硬核部分）。用具有切絲薄刀的V形蔬果刨切器（mandoline）將蘋果切成厚3公釐的小條（若沒有刨切器，就將蘋果切成厚3公釐的片狀，再切成寬3公釐的條狀）。將奶油加熱至融化，接著加糖、蘋果條，淋上少許的水，以中火煮約5分鐘。蘋果不應煮成泥狀，用濾器將蘋果條瀝乾，以去除水分，放涼。

完成

為鋪上杏仁奶油醬且冷卻的塔底鋪上一層1公分的鹹焦糖，勻稱地鋪滿蘋果條，但不要壓緊，篩上一層糖粉。品嚐。

蘋果 Pommes

除了依據味道以外，也根據我們想要的用途來選擇蘋果。我使用的是本地的蘋果：阿莫里克小皇后reinettes d'Armorique。這種蘋果主要來自曼恩－羅亞爾省（Maine-et-Loire），以及相鄰省分的果農，與靠近雷恩市（Rennes）的栽培生產者。我愛天然原味的蘋果，直接享受單純的果實，也喜歡料理過和加工的蘋果。尋找帶有酸度、耐煮，而且香氣特殊的種類。

TARTE FRAISE
MASCARPONE
馬斯卡邦乳酪草莓塔

| Laurent Duchêne
洛洪・杜榭 | 6人份 | 準備：40分鐘
冷藏時間：至少3小時
加熱：約35分鐘 |

砂布列麵團 La pâte sablée 奶油150克 ◆ 糖粉90克 ◆ 杏仁粉30克 ◆ 蛋黃50克 ◆ 細鹽2.5克 ◆ 麵粉250克＋工作檯用麵粉 **青檸奶油醬 La crème citron vert** 全蛋90克 ◆ 細砂糖100克 ◆ 未經加工處理的青檸檬皮1顆 ◆ 青檸檬汁1顆 ◆ 奶油130克 **馬斯卡邦鮮奶油香醍 La Chantilly mascarpone** 液狀鮮奶油125克 ◆ 細砂糖20克 ◆ 馬斯卡邦乳酪125克 **配料 La garniture** 草莓500克（最好是瑪哈野莓 maras des bois、佳麗格特 gariguette 或夏洛特 charlotte 品種）

砂布列麵團

在電動攪拌機的攪拌缸中混合奶油、糖粉和杏仁粉，直到形成濃稠的乳霜狀。混入蛋黃和細鹽，一邊持續攪拌。倒入麵粉，直到形成平滑的麵團。用保鮮膜將麵團包起。冷藏保存至少1小時。

在撒有麵粉的工作檯上將麵團擀成6至7公釐的厚度，套入一個直徑20公分的塔圈中，擺在鋪有烤盤紙的烤盤上，冷藏保存1小時。

將旋風烤箱預熱至160℃（溫控器5-6）。在塔的底部和邊緣鋪上烤盤紙，鋪滿派重石（noyaux de cuisson 或豆粒），入烤箱烤25分鐘。出爐後置於網架上放涼。將塔圈移除。

青檸奶油醬

在攪拌盆中攪打蛋、糖和青檸皮，接著混入青檸汁。將攪拌盆放入隔水加熱鍋中，將蛋糊加熱至85℃的溫度，不停攪打。將攪拌盆從鍋中取出，將蛋糊放涼至40℃，混入切塊奶油，用手持式電動攪拌棒攪打青檸奶油醬。

馬斯卡邦鮮奶油香醍

將液狀鮮奶油和糖攪打成鮮奶油香醍，輕輕混入馬斯卡邦乳酪至均勻。冷藏保存。

配料

清洗草莓並晾乾，去蒂，將草莓切半。

完成

為烤好的塔底鋪上一層1公分厚的青檸奶油醬，用抹刀抹平。將塔冷藏1小時，讓奶油醬凝固。將馬斯卡邦鮮奶油香醍倒入裝有聖多諾黑擠花嘴（douille à saint-honoré）的擠花袋。在青檸奶油醬上擠出4條麻花狀的馬斯卡邦鮮奶油香醍，撒上開心果碎（份量外）。在馬斯卡邦鮮奶油香醍之間插入整排半顆的草莓。品嚐。

TOURTE
AU KIRSCH
櫻桃酒派

Eric Baumann 艾瑞克·波曼	6至8人份	準備：45分鐘 加熱：約1小時10分鐘 冷藏時間：20分鐘

義式海綿蛋糕 La génoise 奶油120克＋模型用奶油 ◆ 麵粉260克 ◆ 蛋300克 ◆ 細砂糖260克 **日式蛋糕體 Le biscuit japonais** 榛果粉190克 ◆ 麵粉35克 ◆ 蛋白250克 ◆ 細砂糖225克 **櫻桃酒奶油霜 La crème au beurre au kirsch** 牛乳120克＋細砂糖60克 ◆ 波旁（Bourbon）香草莢1.5根 ◆ 蛋黃100克＋細砂糖60克 ◆ 蛋白40克＋細砂糖10克 ◆ 水30克＋細砂糖80克 ◆ 室溫奶油400克 ◆ 酒精濃度50°的櫻桃酒45克 ◆ 天然紅色食用色素2滴 **櫻桃酒浸潤糖漿 Le sirop d'imbibage au kirsch** 水120克 ◆ 細砂糖120克 ◆ 酒精濃度50°的櫻桃酒150克 **完成 La finition** 杏仁片50克 ◆ 糖粉 ◆ 酒釀櫻桃（cerise à l'eau-de-vie）3顆 ◆ 開心果碎1小匙

義式海綿蛋糕

將旋風烤箱預熱至170℃（溫控器5-6）。為直徑18公分且高5公分的蛋糕模（moule à manqué）刷上奶油。以小火將奶油加熱至融化。以中火加熱平底深鍋中的水，準備進行隔水加熱。將麵粉過篩至烤盤紙上。將蛋打在攪拌盆中，加入糖，將攪拌盆擺在隔水加熱的熱鍋中，攪打蛋和糖2分鐘。將攪拌盆從隔水加熱的鍋中取出，接著擺在廚房布巾上，繼續快速攪打3至4分鐘，接著以慢速攪打10分鐘。在形成緞帶狀時，表示已經攪打完成。混入過篩的麵粉，接著是融化的奶油。

將義式海綿蛋糕麵糊倒入蛋糕模，入烤箱烤45分鐘。插入薄刀以檢查熟度。若刀子抽出時是乾燥的，表示蛋糕已烤好。

出爐後，將網架擺在模型上，倒扣脫模，在另一個網架上將海綿蛋糕放涼。

日式蛋糕體

將旋風烤箱預熱至150℃（溫控器5）。將榛果粉和麵粉過篩至烤盤紙上。在蛋白中緩緩地加入糖，攪打成泡沫狀，在打至硬性發泡時，倒入榛果粉和麵粉的混料，輕輕混合。倒入裝有8號平口擠花嘴的擠花袋。在2個鋪有烤盤紙的烤盤上，放上直徑18公分且高0.5公分的塔圈，在裡面擠出2個螺旋形的日式蛋糕體麵糊，入烤箱烤10至12分鐘。在2個網架上放涼。

櫻桃酒奶油霜

將牛乳、糖和剖半刮出籽的香草莢煮沸。在攪拌盆中攪打蛋和糖，直到混料泛白。在蛋和糖的混料中倒入少許牛乳，一邊快速攪打，接著再倒回平底深鍋。繼續烹煮，一邊攪拌，直到英式奶油醬達82℃的溫度。將平底深鍋浸入裝有冷水和2、3塊冰塊的攪拌盆中，放涼，將香草莢取出。義式蛋白霜的部分，將蛋白和糖攪打至硬性發泡。將水和糖煮沸，接著煮至121℃。將煮沸的糖漿以細流狀倒入泡沫狀蛋白中，一邊持續攪打至完全冷卻。

在攪拌盆中將奶油攪打至形成膏狀。在攪拌盆中混入英式奶油醬，接著是義式蛋白霜。

取450克的法式奶油霜，放入攪拌盆中。倒入櫻桃酒和幾滴的紅色食用色素。

櫻桃酒浸潤糖漿

將水和糖煮沸。倒入櫻桃酒，拌勻。

完成

將旋風烤箱預熱至150℃（溫控器5）。

將杏仁片鋪在鋪有烤盤紙的烤盤上，入烤箱烘焙10分鐘，過程中翻動。為海綿蛋糕刷上櫻桃酒糖漿。將第一塊日式蛋糕體擺在網架上，鋪上一層櫻桃酒奶油霜，放上刷有櫻桃酒糖漿的海綿蛋糕，覆蓋上一層櫻桃酒奶油霜，最後再擺上第二塊日式蛋糕體。將剩餘的櫻桃酒奶油霜均勻塗滿整個蛋糕表面。在蛋糕周圍黏上烤好冷卻的金黃色杏仁片。在蛋糕表層篩上糖粉。以開心果碎和酒釀櫻桃進行裝飾，將蛋糕冷藏保存。品嚐前20分鐘再從冰箱取出。

POMMELINE
蘋果條

Marc Ducobu	6人份	準備：1小時
馬克・杜可布		加熱：約2小時20分鐘
		冷藏時間：2小時

甜酥麵團 La pâte sucrée 麵粉165克 ◆ 奶油100克 ◆ 糖粉50克 ◆ 杏仁粉10克 ◆ 榛果粉10克 ◆ 香草粉1撮 ◆ 細鹽2克 ◆ 蛋50克 **焦糖液 Le caramel liquide** 脂肪含量35%的液狀鮮奶油40克 ◆ 香草莢2/3根 ◆ 蜂蜜30克 ◆ 葡萄糖漿30克 ◆ 細砂糖20克 **翻轉蘋果 Les pommes Tatin** 紅龍蘋果（jonagold）2大顆 **酥粒 Le crumble** 黃金紅糖（cassonade blonde）40克 ◆ 杏仁粉20克 ◆ 榛果粉20克 ◆ 麵粉40克 ◆ 未經加工處理的柳橙皮1克 ◆ 細鹽1克 ◆ 室溫回軟的奶油40克 **卡士達奶油醬 La crème pâtissière** 玉米粉5克 ◆ 卡士達粉2克 ◆ 牛乳10克+牛乳75克 ◆ 蛋黃20克 ◆ 脂肪含量35%的液狀鮮奶油10克 ◆ 細砂糖15克 ◆ 香草莢1/2根 **輕奶油醬 La crème légère** 脂肪含量35%且冰涼的液狀鮮奶油100克 ◆ 細砂糖3克

甜酥麵團

用指尖拌合麵粉和奶油，直到形成砂礫狀質地。混入過篩的糖粉、杏仁粉、榛果粉和香草粉，以及細鹽。加入蛋，接著非常快速地揉麵。以保鮮膜包覆，冷藏靜置2小時。

將旋風烤箱預熱至160℃（溫控器5-6）。

在撒有麵粉的工作檯上將麵團擀開。將1個長27公分、寬10公分且高2公分的橢圓形塔圈擺在鋪有烤盤紙的烤盤上。套入麵皮。入烤箱烤15分鐘。

焦糖液

將液狀鮮奶油和2/3根剖半刮出籽的香草莢煮沸。離火。加蓋並浸泡10分鐘。將蜂蜜、葡萄糖漿和糖煮沸，接著煮至160℃的溫度，立刻倒入熱的香草浸泡鮮奶油，接著慢慢攪拌。取出香草莢。

翻轉蘋果

將旋風烤箱預熱至120℃（溫控器4）。

將蘋果削皮並去核，切成小丁。分裝至3個直徑7公分的半球形矽膠模的孔洞中，淋上剩餘的焦糖液，入烤箱烤1小時30分鐘。出爐後，放涼，接著冷凍保存。

酥粒

將旋風烤箱預熱至160℃（溫控器5-6）。在電動攪拌機的攪拌缸中，倒入金黃紅糖、杏仁粉和榛果粉、麵粉、橙皮和細鹽。加入軟化的膏狀奶油，快速攪拌，接著將麵團弄碎成小粒狀，鋪在鋪有烤盤紙的烤盤上。入烤箱烤15分鐘。

卡士達奶油醬

在攪拌盆中混合玉米粉、卡士達粉、第一次秤重的牛乳和蛋黃。將液狀鮮奶油、第二次秤重的牛乳、細砂糖和剖半刮出籽的香草莢煮沸。將煮沸的備料倒入上述的混合物中，一邊快速攪打。再將奶油醬倒回平底深鍋，不停攪拌，煮沸。將香草莢取出。將保鮮膜緊貼在卡士達奶油醬表面並放涼。

輕奶油醬

將液狀鮮奶油和糖攪打成鮮奶油香醍，混入冷卻的卡士達奶油醬中。

完成

將輕奶油醬鋪在塔底。將翻轉蘋果圓頂脫模，擺至塔上，接著撒上烤好的酥粒，依個人靈感為塔進行裝飾。冷藏保存2小時後品嚐。

VÉRITABLE **TARTE** **À LA PRALINE ROUGE**
正宗紅杏仁糖塔

Richard Sève
理查・塞夫

8人份

前一天開始準備
準備：前一天15分鐘，當天10分鐘
加熱：前一天5分鐘，當天約30分鐘
冷藏時間：2×12小時
冷凍：1小時

極細麵團 La pâte surfine 室溫回軟的奶油120克＋模型用奶油 ◆ 糖粉60克 ◆ 杏仁粉60克 ◆ 金合歡花蜜（miel d'acacia）5克 ◆ 蛋白15克 ◆ 麵粉150克 **紅杏仁糖配料 La garniture aux pralines rouges** 紅杏仁糖（pralines rouges） 200克 ◆ 脂肪含量35%的液狀鮮奶油200克 ◆ 馬達加斯加香草莢1根

極細麵團

前一天，在電動攪拌機的攪拌缸中，快速攪打室溫回軟的奶油，但不要乳化。加入糖粉、杏仁粉、蜂蜜和蛋白，攪打1分鐘。加入過篩的麵粉，快速攪打。將極細麵團以保鮮膜包起，冷藏至隔天。

紅杏仁糖配料

將紅杏仁糖研磨至形成均勻的細粒。將鮮奶油和剖半刮出籽的香草莢煮沸，離火後加入磨碎的紅杏仁糖，用打蛋器仔細地混合，倒入攪拌盆中。蓋上保鮮膜，冷藏保存至隔天。

當天，將香草莢從紅杏仁糖配料中取出。為直徑28公分的塔模刷上奶油。

將旋風烤箱預熱至180℃（溫控器6）。

將極細麵團夾在2張烤盤紙之間，用擀麵棍擀至5公釐的厚度，接著將烤盤紙移除。

將麵皮在塔模中攤開，用擀麵棍擀壓模型邊緣，接著再按壓麵皮，讓麵皮貼附模型，入烤箱烤15至18分鐘。

將塔從烤箱中取出，倒入紅杏仁糖配料。

再將塔放入烤箱，烤至紅杏仁糖配料沸騰。

將模型冷凍1小時後再為塔脫模，保存在室溫下，直到品嚐的時刻。

您可用紅杏仁糖冰淇淋，或馬達加斯加香草冰淇淋，來搭配這道正宗紅杏仁糖塔。

CLAFOUTIS
AUX CERISES
櫻桃克拉芙緹

| Daniel Hue | 6至8人份 | 準備：25分鐘 |
| 丹尼・華 | | 加熱：約30分鐘 |

克拉芙緹麵糊 La pâte du clafoutis 牛乳500克 ◆ 香草莢1根 ◆ 奶油50克 ◆ 麵粉200克 ◆ 細砂糖125克 ◆ 蛋300克 ◆ 蛋黃80克 ◆ 帶梗櫻桃1公斤

將牛乳和剖半的香草莢煮沸，將平底深鍋離火。加蓋，讓香草浸泡在牛乳中至完全冷卻。將香草莢取出，將籽刮入牛乳中。

以小火將奶油加熱至融化。

在攪拌盆中混合麵粉和糖，加入蛋和蛋黃。一邊攪拌，一邊緩緩倒入浸泡香草的冷牛乳，直到麵糊變得平滑，混入微溫的融化奶油。

清洗櫻桃並晾乾，記得保留梗。

將旋風烤箱預熱至180℃（溫控器6）。

將克拉芙緹麵糊倒入以陶土或陶瓷製、直徑約30公分的耐熱模型，至約5公分的高度，入烤箱烤6分鐘。

將烤模從烤箱中取出，接著讓櫻桃梗朝上，將櫻桃並排地擺在烤好的克拉芙緹塔底，再度放入烤箱，烤20分鐘。確認烘烤狀況：克拉芙緹必須略呈金黃色。

將克拉芙緹放涼後品嚐。

可搭配一杯吉諾雷櫻桃利口酒（Guignolet Kirsch®）享用。

TARTE CITRON MERINGUÉE
COMME UN SOLEIL
太陽檸檬蛋白霜塔

Jérôme De Oliveira	6人份	準備：45分鐘
杰宏姆・奧利維哈		加熱：約2小時15分鐘
		冷凍：3小時
		冷藏時間：5小時

檸檬奶油餡 Le crémeux citron 檸檬汁120克 ◆ 未經加工處理的檸檬皮1顆 ◆ 細砂糖130克 ◆ 蛋130克 ◆ 蛋黃30克 ◆ 玉米粉12克 ◆ 室溫回軟的奶油170克 **林茲砂布列麵團 La pâte à sablé façon Linzer** 蛋1顆（熟蛋黃5克）◆ 糖粉25克 ◆ 麵粉75克＋工作檯用麵粉 ◆ 馬鈴薯澱粉15克 ◆ 細鹽1克 ◆ 奶油80克 ◆ 未經加工處理的檸檬皮1/2顆 **鏡面 Le glaçage** 水20克 ◆ 青檸汁25克 ◆ 細砂糖35克 ◆ 塔用果膠140克 ◆ 未經加工處理的青檸檬皮1/2顆 **蛋白霜 La meringue** 蛋白100克 ◆ 未經加工處理的青檸檬皮1顆 ◆ 細砂糖200克 **裝飾 Le décor** 白巧克力100克 ◆ 天然綠色食用色素3滴 **完成 La finition** 未經加工處理的青檸檬皮1顆

檸檬奶油餡

將檸檬汁、檸檬皮、糖、蛋、蛋黃和玉米粉煮沸，不停攪拌。放涼至40℃的溫度，接著混入切塊奶油，用手持式電動攪拌棒攪打。將550克的檸檬奶油餡倒入直徑20公分，置於鋪有保鮮膜烤盤上的塔圈內，接著冷凍3小時。

林茲砂布列麵團

在沸水中煮蛋10分鐘（或微波加熱蛋黃），將蛋冰鎮後剝殼，取5克煮熟的蛋黃，接著壓碎。將糖粉、麵粉、馬鈴薯澱粉、細鹽和熟蛋黃過篩至攪拌盆中。混入切塊奶油和半顆檸檬皮，一邊以橡皮刮刀混合，但不要過度攪拌。讓麵團冷藏靜置3小時。

將旋風烤箱預熱至160℃（溫控器6）。在撒有麵粉的工作檯上將麵團擀至3公釐的厚度。裁出直徑22公分的圓形餅皮，套入直徑20公分的塔圈。擺在鋪有烤盤紙的烤盤上，入烤箱烤18至20分鐘。在網架上放涼後將塔圈移除。

鏡面

將水、青檸汁和糖煮沸。離火後,將果膠摻入煮好的糖漿中,用手持式電動攪拌棒攪打,加入半顆青檸檬皮。冷藏保存。

蛋白霜

將旋風烤箱預熱至80℃(溫控器2-3)。將蛋白放入隔水加熱的攪拌盆中,一邊緩緩地倒入糖,將蛋白打成泡沫狀,加熱至50℃的溫度。蛋白必須打至硬性發泡且帶有光澤。混入青檸檬皮,倒入裝有6號擠花嘴的擠花袋,在鋪有烤盤紙的烤盤上擠出蛋白霜小點。入烤箱烤1小時30分鐘。

裝飾

為白巧克力調溫(見310頁)。加入綠色食用色素,一邊攪打,用刮刀將調溫的綠巧克力在塑膠片上鋪開,讓巧克力在室溫下凝固。

完成

將冷凍後的檸檬奶油餡擺在置於烤盤的網架上,用手持式電動攪拌棒攪打鏡面,將鏡面淋在檸檬奶油餡上,接著以刮刀刮去多餘的鏡面。立刻將檸檬奶油餡圓餅擺在烤好且冷卻的塔底,撒上青檸皮。依個人的靈感,在塔的周圍放上蛋白霜小點,接著是表面。將綠巧克力片剝成小塊,蛋白霜小點和綠巧克力片交替排列。將塔冷藏保存2小時後再品嚐。

Citron 檸檬

檸檬不只是酸而已,依品種和產區的不同,也具有特殊的香氣、味道和清爽度。蔚藍海岸(Côte d'Azur)是柑橘水果的產地:因此很自然會使用「在地」生產者賈桂琳‧埃法(Jacqueline Évrard)所生產的蒙頓(Menton)檸檬。在整個糕點的製作過程中,檸檬都無所不在:砂布列麵團和酥脆蛋白霜中的檸檬皮、奶油餡中的檸檬汁,再與鏡面中的青檸檬結合。

TARTE FRAMBOISE
ROQUETTE-MENTHE
芝麻菜薄荷覆盆子塔

◆————————————◆————————————◆

Jeff Oberweis
杰夫・奧布韋斯

6至8人份

準備：30分鐘
冷藏時間（靜置）：約1小時
加熱：約30分鐘
浸泡時間：10分鐘

甜酥麵團 La pâte sucrée 蛋40克 ◆ 室溫回軟的奶油100克＋模型用奶油 ◆ 糖粉80克 ◆ 杏仁粉100克 ◆ 麵粉190克＋工作檯用麵粉 ◆ 細鹽1克 **蛋液 La dorure** 蛋黃2顆 ◆ 液狀鮮奶油10克 **薄荷奶油醬 La crème menthe** 液狀鮮奶油300克 ◆ 新鮮薄荷葉6克 ◆ 細砂糖20克＋細砂糖20克 ◆ 蛋黃80克 **配料與完成 La garniture et la finition** 新鮮覆盆子250克 ◆ 橄欖油1大匙 ◆ 香草莢1/4根 ◆ 芝麻菜葉（feuilles de roquette）20克

甜酥麵團

在小碗中用叉子打蛋。用指尖混合軟化的膏狀奶油和糖粉，混入蛋液，接著是杏仁粉、麵粉、細鹽，快速混合至形成均勻的麵團。揉成球狀，接著壓平，將麵團以保鮮膜包起，冷藏靜置1小時。麵團不應太硬。

將旋風烤箱預熱至170℃（溫控器5-6）。在撒有麵粉的工作檯上將麵團擀至5公釐的厚度，擺上長27公分且高2公分的橢圓形塔圈，接著裁出一塊麵皮，從剩餘的麵皮中裁出長27公分且高2公分的長條麵皮。為塔圈刷上奶油，將塔圈擺在鋪有烤盤紙的烤盤上，套入橢圓形麵皮，接著沾少量的水，將長條麵皮貼在塔圈內緣。入烤箱烤約15分鐘。

蛋液

混合蛋黃和液狀鮮奶油。將模型從烤箱中取出，為塔底刷上鮮奶油蛋液，接著入烤箱烘烤，放涼後在網架上脫模。

薄荷奶油醬

將液狀鮮奶油加熱至微溫，加入薄荷，加蓋浸泡10分鐘。將鮮奶油過濾，將吉力丁泡水15分鐘至軟化。將第一次秤重的糖和蛋黃攪拌至泛白。將過濾的薄荷鮮奶油和第二次秤重的糖煮沸，將糖和蛋黃的混料倒入薄荷鮮奶油中，一邊快速攪打，接著以小火加熱，但不煮沸。將鍋底浸入一盆裝有冰塊的水中。將瀝乾且擰乾的吉力丁混入熱的薄荷奶油醬中，放涼。將冷卻的薄荷奶油醬鋪在塔底，用抹刀將奶油醬抹平。

配料與完成

將覆盆子勻稱地擺在薄荷奶油醬上。在橄欖油中混入從剖半的香草莢中刮下的香草籽。清洗芝麻菜葉並瀝乾。享用時，將芝麻菜葉混入香草橄欖油中，再擺在塔的中央。

TARTELETTE
MACARONS
馬卡龍迷你塔

| Vincent Guerlais
文森・加爾雷 | 6個迷你塔 | 準備：1小時
加熱：約35分鐘
冷藏時間：3小時
乾燥時間：20分鐘 |

甜酥麵團 La pâte sucrée 麵粉190克＋工作檯用麵粉 ◆ 室溫軟化的膏狀奶油95克 ◆ 糖粉70克 ◆ 細鹽1克 ◆ 杏仁粉 25克 ◆ 蛋40克 **覆盆子果醬 La confiture de framboises** 新鮮覆盆子100克 ◆ 細砂糖70克 ◆ 檸檬汁1顆 **馬卡龍 Les macarons** 糖粉205克 ◆ 杏仁粉205克 ◆ 細砂糖160克＋水37克 ◆ 蛋白72克＋蛋白60克 ◆ 覆盆子紅食用色素3至4 滴 **覆盆子鮮奶油香醍 La Chantilly framboise** 馬斯卡邦乳酪30克 ◆ 液狀鮮奶油100克 ◆ 細砂糖20克 ◆ 覆盆子果泥20 克 **完成 La finition** 竹籤6根 ◆ 含覆盆子果醬內餡的馬卡龍6顆 ◆ 覆盆子6顆

甜酥麵團

將麵粉過篩至烤盤紙上。在工作檯上混合室溫回軟的
奶油、糖粉、細鹽、杏仁粉和蛋。混入過篩的麵粉，
勿過度搓揉麵團。以保鮮膜包起，冷藏靜置3小時。
將旋風烤箱預熱至180℃（溫控器6）。在撒有麵粉
的工作檯上將麵團擀開，接著鋪在6個直徑7公分的
塔圈裡，用叉子在底部戳出大量的洞，入烤箱烤7分
鐘。在網架上放涼。將塔圈移除。

覆盆子果醬

將覆盆子和糖放入平底深鍋，以小火煮沸，續煮15
分鐘。在烹煮過程中，逐步撈去浮沫。將檸檬榨汁。
在果醬煮好時，將檸檬汁倒入鍋中，攪拌並在室溫下
放涼。

馬卡龍

將糖粉和杏仁粉一起過篩至攪拌盆中。用水將第一次秤重的糖煮至118℃，同時將第一次秤重的蛋白以中速打成泡沫狀，緩緩將煮好的糖漿倒入打成泡沫狀的蛋白中，持續攪打至降溫。在攪拌盆中混合第二次秤重的蛋白和覆盆子紅食用色素，混入打成泡沫狀的蛋白霜，攪拌均勻後倒入裝有6號平口擠花嘴的擠花袋。在鋪有烤盤紙的烤盤上擠出直徑3公分的蛋白霜，至少24個，讓蛋白霜在室溫下晾乾結皮20分鐘。將旋風烤箱預熱至160℃（溫控器5），入烤箱烤12分鐘。出爐時，將馬卡龍餅殼取出，擺在烤盤紙上。放涼。

將覆盆子果醬倒入無擠花嘴的擠花袋中，接著擠在一半的馬卡龍餅殼上，再蓋上沒有果醬的另一半馬卡龍餅殼。

覆盆子鮮奶油香醍

在攪拌盆中將馬斯卡邦乳酪攪拌至軟化。混入液狀鮮奶油、糖和覆盆子泥，攪打成鮮奶油香醍，接著倒入裝有星形擠花嘴的擠花袋中。

完成

在甜酥麵團塔底鋪上0.5公分的覆盆子果醬，將3個有覆盆子果醬內餡的馬卡龍側立在每個迷你塔上。在馬卡龍之間擠出大量的波浪狀覆盆子鮮奶油香醍，將1根竹籤穿入填有覆盆子果醬內餡的馬卡龍，最後再插上一顆覆盆子。擺在迷你塔頂端。品嚐。

TARTE FEUILLETÉE
AUX ABRICOTS
杏桃千層塔

Michel Galloyer 米歇爾·加羅耶	2塊塔 每塊6人份	前一天開始準備 準備：前一天15分鐘，當天30分鐘 加熱：約35分鐘 冷藏時間：13小時 靜置時間：1小時30分鐘至2小時

可頌麵團 La pâte a croissant 新鮮酵母（levure fraîche de boulanger）18克＋冷水140克 ◆ 麵粉450克＋工作檯用麵粉 ◆ 細鹽9克 ◆ 細砂糖70克 ◆ 法式高脂酸奶油（crème fraîche épaisse）70克 ◆ 冰冷的奶油180克 ◆ 細砂糖50克 ◆ 烘烤前蛋液用蛋1顆 **配料 La garniture** 糖煮杏桃瓣（oreillons d'abricots au sirop）40顆 ◆ 杏仁粉60克 ◆ 紅糖 **完成 La finition** 塔用果膠 ◆ 切碎的開心果 ◆ 糖粉

可頌麵團

前一天，在冷水中摻入弄碎的新鮮酵母。將麵粉倒入攪拌盆中，並讓麵粉的中央形成凹槽。加入細鹽、糖和法式高脂酸奶油，開始混合，接著緩緩倒入溶了酵母的水，揉至麵團變得有彈性，而且不會沾黏碗壁。最後的質地應平滑均勻。為攪拌盆蓋上廚房布巾，將麵團冷藏保存至隔天。

當天，用拳頭將麵團壓平。在撒有麵粉的工作檯上，用擀麵棍將麵團擀成1公分厚的正方形。用擀麵棍敲打冷奶油塊至形成小於正方形麵團的正方形。將方形麵團轉45度，將奶油擺在麵團中央，將方形麵團的4個角朝奶油折起。在撒有麵粉的工作檯上，用擀麵棍將麵團擀成約長50公分且寬20公分的長方形。從長邊將麵團折3折，形成信封狀：已完成第一次折疊。將麵團轉1/4圈，再次擀平形成長方形。重複先前折疊的步驟：已完成第二次折疊。將麵團蓋起，冷藏保存至少1小時。

最後一次將麵團擀成長方形,小心地轉90度,接著對折。您的可頌麵團現在已完成,可用於糕點的製作。再度冷藏保存1小時。

用擀麵棍將可頌麵團擀成約4公釐厚的長方形。用刀和直徑22公分的塔圈從麵皮中裁出2塊圓形餅皮,將2個22公分的塔圈擺在鋪有烤盤紙的烤盤上。為每個塔圈均勻地撒上25克的糖。將塔圈移除,將2塊可頌圓麵團擺在糖上。在碗中打蛋,用糕點刷將蛋液刷在2塊可頌圓麵團的周圍邊緣。

配料

用濾網將糖煮杏桃瀝乾。在每個塔底撒上30克的杏仁粉,在每個塔底勻稱地擺上20個切半的杏桃。讓塔在約25℃的室溫下膨脹1小時30分鐘至2小時。

將旋風烤箱預熱至170℃(溫控器5-6),為杏桃撒上紅糖,入烤箱烤約35分鐘。出爐後,讓塔分別在2個網架上放涼。

完成

為每個塔刷上果膠,撒上切碎的開心果,輕輕地在塔的邊緣篩上薄薄一層糖粉。

TARTE
CITRON VERT BASILIC
羅勒青檸塔

Thierry Mulhaupt
堤耶希・穆洛

6人份

準備：40分鐘
冷藏（靜置）時間：5小時
加熱：約30分鐘

甜酥麵團 La pâte sucrée 麵粉500克 ◆ 室溫回軟的奶油300克 ◆ 去皮杏仁粉60克 ◆ 糖粉180克 ◆ 蛋100克 ◆ 細鹽5克 **羅勒青檸奶油醬 La crème citron vert basilic** 奶油165克 ◆ 細砂糖65克＋細砂糖65克 ◆ 青檸檬皮1顆 ◆ 青檸檬汁110克 ◆ 蛋120克 ◆ 新鮮羅勒葉6片 **完成 La finition** 橄欖油100克＋新鮮羅勒葉20片 ◆ 未經加工處理的青檸檬1顆

甜酥麵團

用指尖拌合麵粉和軟化的膏狀奶油，直到形成砂礫狀質地。混入去皮杏仁粉和過篩的糖粉。在碗中打蛋，並加入細鹽，讓鹽溶解。將蛋液混入，接著混合成團但不過度揉捏。將麵團分成4個約300克的麵團，接著以保鮮膜包覆，冷藏靜置2小時。此甜酥麵團可冷藏保存1星期，但您亦可將剩餘的冷凍保存。

將直徑22公分且高2公分的塔圈擺在鋪有烤盤紙的烤盤上。在撒有麵粉的工作檯上，將1個甜酥麵團擀至2至3公釐厚，套入塔圈，去掉多餘的麵皮，用小刀在麵皮上刺出孔洞，讓塔底在烘烤時不會鼓起。

將旋風烤箱預熱至170℃（溫控器5-6），入烤箱烤15至20分鐘。將塔底置於網架上放涼，接著將塔圈移除。

羅勒青檸奶油醬

將奶油、第一次秤重的糖、青檸檬皮和檸檬汁煮沸。將蛋和第二次秤重的糖攪打至混料泛白，混入奶油、糖、青檸檬皮和檸檬汁的混合物中，再度煮沸，一邊攪拌。

仔細清洗羅勒葉並晾乾。將羅勒葉磨至接近泥的狀態，混入奶油醬中，接著以手持式電動攪拌棒攪打。放涼至50℃，接著將羅勒青檸奶油醬鋪在塔底。冷藏靜置3小時。

完成

仔細清洗羅勒葉並晾乾，以手持式電動攪拌棒攪打羅勒葉和橄欖油。這些備料可以冷藏的方式良好保存。用小湯匙的尖端在羅勒青檸奶油醬表面滴上羅勒橄欖油，用microplane刨刀在塔的上方將青檸檬皮刨碎，接著品嚐。

TARTE
RENDEZ-VOUS
「約定」巧克力塔

Jean-Paul Hévin 尚保羅・艾凡	2塊塔 每塊5人份	準備：25分鐘 加熱：約25分鐘 冷藏時間：2小時

巧克力甜酥麵團La pâte sucrée chocolat 可可脂含量63%的馬達加斯加頂級產地巧克力（chocolat a 63 % cacao grand cru de Madagascar）40克 ◆ 室溫回軟的奶油210克 ◆ 糖粉130克 ◆ 杏仁粉44克 ◆ 香草粉0.5克 ◆ 細鹽1撮 ◆ 蛋70克 ◆ 麵粉350克 **巧克力甘那許 La ganache chocolat** 可可脂含量63%的馬達加斯加頂級產地巧克力340克 ◆ 液狀鮮奶油500克 ◆ 百花蜜10克 **完成 La finition** 可可脂含量63%的馬達加斯加頂級產地巧克力200克 ◆ 蛋白餅2小顆（隨意）◆ 食用金粉

巧克力甜酥麵團

用鋸齒刀將巧克力切碎，放入攪拌盆中，隔水加熱至融化。在攪拌盆中輕輕混合室溫回軟的奶油、糖粉、杏仁粉、香草粉和細鹽。混入蛋，接著是麵粉和融化的巧克力。混合至麵團均勻，用保鮮膜將麵團包起，冷藏保存2小時。

將旋風烤箱預熱至180℃（溫控器6）。在撒有麵粉的工作檯上將塔皮盡可能擀薄，套入2個直徑22公分的塔圈內，擺至鋪有烤盤紙的烤盤上。入烤箱烤約20分鐘。出爐後，擺在2個網架上放涼。將塔圈移除。

巧克力甘那許

用鋸齒刀將巧克力切碎放入攪拌盆中。將液狀鮮奶油和蜂蜜煮沸，分3次倒入切碎的巧克力中，一邊從中央開始朝外以繞圈方式攪拌。將巧克力甘那許分裝至2個烤好的塔底，冷藏15分鐘。在室溫下保存至品嚐的時刻。

完成

依您的靈感或製作調溫巧克力（見310頁）來裝飾塔的表面。在塑膠片上將調溫巧克力鋪至薄薄一層，待巧克力凝固後再裁成時鐘的指針形狀。為2塊小蛋白霜刷上食用金粉，接著擺在每塊塔的中央。

Chocolat 巧克力

我總是在追尋理想的可可，有時甚至是可可帶給我創作的靈感。就如同我始終在食譜中追求完美一樣，有時我覺得或許能改良現有的糕點時，也會變換可可。為了製作「約定」巧克力塔，我使用了祕魯的可可，因為我喜歡它一直持續到最後的溫和攻勢，同時散發出香料和堅果味，和甜酥塔皮麵團形成完美的協奏曲。

TARTE GLACÉE CAPPUCCINO
卡布奇諾冰塔

Jeff Oberweis 杰夫・奧布韋斯	5人份	前一天開始準備 準備：前一天15分鐘，當天45分鐘 加熱：前一天20分鐘，當天約1小時 浸泡時間：前一天1小時 冷藏時間：12小時 冷凍：2小時

香草冰淇淋 La glace vanille 牛乳560克 ◆ 波旁（bourbon）香草莢1根 ◆ 脂肪含量35%的液狀鮮奶油255克 ◆ 蛋黃90克 ◆ 細砂糖160克 **牛奶巧克力環 Les anneaux en chocolat au lait** 牛奶巧克力100克 **占度亞榛果巧克力酥 Le croustillant Gianduja** 帶皮的整顆榛果100克 ◆ 細砂糖75克 ◆ 牛奶巧克力80克 ◆ 脆片（pailleté feuilletine）（如果沒有的話，可以冰淇淋甜筒碎片來代替）50克 ◆ 爆米香（riz soufflé）50克 **貝禮詩奶油餡 Le crémeux Bailey's** 脂肪含量35%的液狀鮮奶油110克 ◆ 牛奶巧克力65克 ◆ 細砂糖50克 ◆ 葡萄糖粉（glucose en poudre）45克 ◆ 水35克 ◆ 牛乳12克 ◆ 貝禮詩奶酒（Bailey's）80克 **咖啡芭菲 Le parfait café** 液狀鮮奶油100克 ◆ 蛋黃40克 ◆ 細砂糖30克＋細砂糖30克 ◆ 義式濃縮咖啡60克 ◆ 即溶咖啡3克 **義式蛋白霜 La meringue italienne** 細砂糖165克 ◆ 水45克 ◆ 蛋白90克 ◆ 無糖可可粉

香草冰淇淋

前一天，將牛乳和剖半刮出籽的香草莢加熱至25℃，浸泡1小時。再將牛乳加熱至35℃，倒入液狀鮮奶油，接著加入蛋黃和糖攪拌。不停攪拌，持續煮至達85℃的溫度，立即將平底深鍋浸入一盆裝有冰塊的水中。將香草奶油醬放入碗中，冷藏保存至隔天。

牛奶巧克力環

當天，將烤盤冷凍冰鎮。用鋸齒刀將巧克力切碎，隔水加熱至融化。將融化的巧克力倒入冰鎮的烤盤背面，快速鋪開，立即切成5條長16公分且寬2公分的長條狀。快速將巧克力條從烤盤上剝離，接著製作成直徑5公分的環形。

占度亞榛果巧克力酥

將烤箱預熱至100℃（溫控器3-4）。

將榛果鋪在烤盤上，入烤箱，烘焙榛果30分鐘，並不時翻動，將熱榛果倒入網篩，以布料包起，滾一滾以篩去皮。用電動攪拌機攪打烘焙好的榛果和糖，直到形成平滑的膏狀。用鋸齒刀切碎的巧克力放入攪拌盆中，隔水加熱至融化。混入打好的榛果膏中，再混入脆片和爆米香。將備料倒入寬27公分且高2公分的橢圓形塔圈至1公分高，冷凍保存。

在這段時間，依照雪酪機的使用說明，將香草奶油醬製作成冰淇淋。在香草冰淇淋完成時，鋪在底部有冷凍榛果巧克力的塔圈至與邊緣齊平。將5個巧克力環排放在香草冰淇淋表面，冷凍保存。

貝禮詩奶油餡

將液狀鮮奶油攪打成打發鮮奶油。將用鋸齒刀切碎的巧克力放入攪拌盆中，隔水加熱至融化。

將糖和葡萄糖煮成焦糖，離火後混入打發鮮奶油，倒入水和牛乳，接著加熱至40℃，離火。倒入貝禮詩奶酒和融化的牛奶巧克力。將備料以冷凍的方式冷卻幾分鐘。製作5個梭形的貝禮詩奶油餡，接著擺在每個巧克力環的中央，再度冷凍。

咖啡芭菲

將液狀鮮奶油攪打成打發鮮奶油。將蛋黃和第一次秤重的糖攪打至混料泛白。混合義式濃縮咖啡、即溶咖啡和第二次秤重的糖，再混入蛋黃和糖的混料中，倒入平底深鍋中加熱，一邊攪拌，煮至85℃的溫度。即刻將鍋子浸入一盆裝有冰塊的水中。在備料冷卻時，混入打發鮮奶油。將咖啡芭菲鋪在梭形的貝禮詩奶油餡上，再度冷凍。

義式蛋白霜

將糖和水煮沸，形成糖漿。在開始微滾時，將蛋白打成泡沫狀蛋白霜。當糖漿達120℃時，以細流狀緩緩倒入泡沫狀蛋白霜中。為咖啡芭菲蓋上大量的義式蛋白霜，接著篩上可可粉。冷凍保存至品嚐的時刻。

LIGHT LEMON
輕盈檸檬塔

John Kraus 尚・克勞斯	2塊塔 每塊6人份	準備：1小時15分鐘 加熱：約1小時 冷藏時間：3小時 冷凍：約2小時

砂布列麵團 La pâte sablée 麵粉150克＋工作檯用麵粉 ◆ 糖粉90克 ◆ 泡打粉4.5克 ◆ 奶油105克 ◆ 鹽之花3.5克 ◆ 蛋30克 ◆ 蘭姆酒3克 **檸檬達克瓦茲 La dacquoise citron** 糖粉135克 ◆ 杏仁粉135克 ◆ 未經加工處理的檸檬皮2顆 ◆ 蛋白173克 ◆ 細砂糖57克 ◆ 檸檬汁18克 **羅勒檸檬奶油醬 La crème citron au basilic** 吉力丁片3.4克＋水17克 ◆ 檸檬汁110克 ◆ 細砂糖78克＋細砂糖77克 ◆ 蛋138克 ◆ 檸檬皮1顆 ◆ 羅勒葉5克 ◆ 奶油150克 **檸檬慕斯 La mousse citron** 吉力丁片7.5克＋水45克 ◆ 蛋黃37.5克 ◆ 糖粉25克 ◆ 檸檬汁15克 ◆ 未經加工處理的檸檬皮2顆 ◆ 全脂牛乳90克 ◆ 義式蛋白霜（見下方食譜）60克 ◆ 液狀鮮奶油250克 **義式蛋白霜 La meringue italienne** 細砂糖140克 ◆ 水47克 ◆ 蛋白75克 **檸檬鏡面 Le glaçage citron** 吉力丁片20克 ◆ 白巧克力300克 ◆ 細砂糖300克 ◆ 葡萄糖300克 ◆ 天然黃色食用色素1.5克 ◆ 甜煉乳200克 **完成 La finition** 白巧克力200克 ◆ 食用銀箔（feuilles d'argent alimentaires） ◆ 小片羅勒葉

砂布列麵團

將麵粉、糖粉、泡打粉、切塊奶油和鹽之花放入食物料理機的攪拌缸中，攪打至形成砂礫狀麵團。混入蛋和蘭姆酒，再度以食物料理機攪打。將麵團用保鮮膜包起，冷藏靜置1小時。將旋風烤箱預熱至150℃（溫控器5）。在撒有麵粉的工作檯上將麵團擀至4公釐厚。套入2個直徑14公分的塔圈，去掉多餘的麵皮，入烤箱烤約20分鐘，直到將塔皮烤成金黃色。出爐後，在網架上脫模並放涼。

檸檬達克瓦茲

將烤箱預熱至200℃（溫控器6-7）。在攪拌盆中混合糖粉、杏仁粉和檸檬皮。將蛋白和糖攪打至硬性發泡的蛋白霜，混入糖粉、杏仁粉和檸檬皮的混料中，接著是檸檬汁。將2個直徑14公分的塔圈擺在鋪有烤盤紙的烤盤上，倒入蛋白霜麵糊至1公分厚，入烤箱烤10分鐘。出爐後在網架上放涼。將塔圈移除，接著以保鮮膜包覆達克瓦茲。冷凍至使用的時刻。

羅勒檸檬奶油醬

將吉力丁泡水15分鐘至軟化還原。混合檸檬汁和第一次秤重的糖。在攪拌盆中攪打蛋和第二次秤重的糖，接著混入檸檬汁和糖的備料、檸檬皮、切絲的羅勒葉。將攪拌盆放入平底深鍋中，接著隔水加熱備料，用網篩過濾，混入瀝乾並擰乾的吉力丁後，接著是奶油，用手持式電動攪拌棒攪打至乳化。

檸檬慕斯

將吉力丁泡水15分鐘至軟化還原。在攪拌盆中混合蛋黃和糖。加熱檸檬汁和2顆檸檬的皮至40℃，接著倒入蛋黃和糖的混料中攪拌，再倒回平底深鍋，攪拌備料至82℃的溫度。混入擰乾的吉力丁至均勻，接著放涼至35℃。在這段時間，製作義式蛋白霜（見下方），在攪拌盆中將液狀鮮奶油攪打至形成硬挺的打發鮮奶油。

義式蛋白霜

在平底深鍋中將糖和水煮沸，加熱至118℃，形成糖漿。在糖漿達110℃時，將蛋白打成泡沫狀蛋白霜。將糖漿以細流狀倒入泡沫狀蛋白霜中，以高速不停攪打至備料冷卻。

圓頂內餡

用橡皮刮刀將檸檬慕斯輕輕混入義式蛋白霜中，接著混入預先打發的鮮奶油。

將形成的奶油醬分裝至2個直徑14公分的矽膠半球形模型，擺上達克瓦茲，接著是羅勒檸檬奶油醬，並稍微壓入中央，再蓋上羅勒檸檬奶油醬。冷凍至少2小時。

檸檬鏡面

將吉力丁泡水15分鐘至軟化還原。用鋸齒刀將巧克力切碎並倒入攪拌盆中。

將糖、葡萄糖和黃色食用色素煮沸，接著加熱至103℃的溫度。離火，接著混入煉乳以及擰乾的吉力丁，倒入切碎的白巧克力中，一邊以刮刀攪拌。將攪拌盆以隔水加熱的方式保溫，維持在28℃的溫度。

將冷凍圓頂脫模在置於烤盤的網架上，淋上加熱至28℃的檸檬鏡面，去掉可能滴落的鏡面。將圓頂擺在砂布列塔皮上。

完成

切出2條寬2公分且長18公分的塑膠片（Rhodoïd）。用鋸齒刀將巧克力切碎放入攪拌盆中，隔水加熱至融化。將融化巧克力鋪在塑膠條上，圈在2個14公分的塔圈內，直到巧克力變硬。

用白巧克力圈環繞檸檬塔，依個人靈感以食用銀箔和羅勒葉進行裝飾。將塔冷藏保存2小時後品嚐。

TARTE **AGRUMES**
柑橘塔

◆ ◆ ◆

| **Reynald Petit**
雷諾‧博蒂 | 6至8人份的塔 | 前一天開始準備
準備：前一天30分鐘，當天25分鐘
加熱：前一天約8分鐘，當天約32分鐘
冷藏時間：4×12小時 |

柑橘蛋糕體 Le biscuit agrume 蛋黃90克 ◆ 細砂糖135克 ◆ 液狀鮮奶油76克 ◆ 麵粉100克 ◆ 泡打粉2克 ◆ 未經加工處理的柳橙皮2克（1顆） ◆ 奶油40克 ◆ 蘭姆酒5克 **糖漿與柑橘果瓣 Le sirop et les quartiers d'agrumes** 水500克 ◆ 細砂糖250克 ◆ 香草莢1根 ◆ 柑曼怡白蘭地橙酒（Grand Marnier）100克 ◆ 柳橙3顆 ◆ 葡萄柚2顆 **柳橙甘那許 La ganache à l'orange** 奶油100克 ◆ 柳橙汁65克 ◆ 未經加工處理的柳橙皮1顆 ◆ 細砂糖65克 ◆ 蛋50克 ◆ 白巧克力110克 **砂布列麵團 La pâte sablée** 室溫回軟的奶油100克 ◆ 杏仁粉20克 ◆ 糖粉65克 ◆ 蛋40克 ◆ 麵粉170克 ◆ 未經加工處理的柳橙皮1/2顆 ◆ 未經加工處理的檸檬皮1/2顆 ◆ 未經加工處理的葡萄柚皮1/2顆 ◆ 鹽之花1撮 ◆ 香草粉1撮 **鏡面 Le glaçage** 塔用鏡面果膠（nappage pour tarte）200克 ◆ 未經加工處理的柳橙皮1/2顆 ◆ 未經加工處理的檸檬皮1/2顆 ◆ 香草粉1撮 **完成 La finition** 晾乾的香草莢

柑橘蛋糕體

前一天，電動攪拌機裝上球狀攪拌棒，在攪拌缸中攪打蛋黃、糖、液狀鮮奶油、麵粉、泡打粉、柳橙皮、奶油和蘭姆酒2分鐘。將攪拌缸從攪拌機中取出，將備料倒入深盆中，冷藏保存至隔天。

糖漿與柑橘果瓣

將水、糖和剖半刮出籽的香草莢煮沸，混入柑曼怡白蘭地橙酒。將柳橙和葡萄柚去皮，接著將果瓣從白膜中取出。將柑橘水果果瓣加進微溫的柑曼怡白蘭地橙酒糖漿中，冷藏靜置至隔天。將香草莢從糖漿中取出，在室溫下晾乾至隔天。

柳橙甘那許

將奶油放入攪拌盆中，隔水加熱至融化，加入柳橙汁、柳橙皮和糖，用打蛋器混合備料，接著混入蛋，規律地攪打3分鐘。用鋸齒刀切碎的白巧克力放入攪拌盆中，分2次將熱的備料倒入巧克力中，一邊從中央開始朝外以繞圈方式攪拌。將保鮮膜緊貼在甘那許表面。冷藏保存至隔天。

砂布列麵團

在裝有攪拌槳的電動攪拌機鋼盆中，混合軟化的膏狀奶油、杏仁粉和糖粉。混入蛋，接著是麵粉、柳橙皮、檸檬皮、葡萄柚皮、鹽之花和香草粉。將麵團揉成球狀，用保鮮膜包起。冷藏保存至隔天。

當天，在數層吸水紙上將柳橙和葡萄柚果瓣瀝乾。

將旋風烤箱預熱至180℃（溫控器6）。將砂布列麵團擀至3公釐厚，將20公分的法式塔圈擺在鋪有烤盤紙的烤盤上，擀好的塔皮鋪在塔圈中，入烤箱烤20分鐘。出爐時，在網架上放涼。持續以180℃加熱烤箱。將18公分的塔圈擺在烤盤紙上，倒入柑橘蛋糕體麵糊至2公釐厚。用L型抹刀將麵糊抹平，入烤箱烤10分鐘。出爐時在網架上放涼。

鏡面

將塔用鏡面果膠、柳橙皮和檸檬皮，以及香草粉拌勻加熱。

完成

將柑橘蛋糕體圓餅擺至砂布列麵團的塔底。鋪上柳橙甘那許至塔頂的高度。用抹刀將表面抹平。勻稱地擺上柳橙和葡萄柚果瓣，並交錯形成花形。將鏡面放至微溫，接著用糕點刷刷在柑橘水果上。用乾燥的香草莢裝飾並品嚐。

TARTE
AUX FRAISES
草莓塔

| Dominique Pilati
多明尼克・皮拉蒂 | 1塊4人份的塔 | 準備：25分鐘
加熱：約20分鐘 |

達克瓦茲 La dacquoise 糖粉90克 ◆ 杏仁粉72克 ◆ 蛋白90克 ◆ 細砂糖90克 ◆ 麵粉18克 ◆ 模型用奶油 **卡士達奶油醬 La creme patissiere** 半脂牛乳（lait demi-écrémé）200克 ◆ 香草莢1/2根 ◆ 蛋黃16克 ◆ 細砂糖50克 ◆ 卡士達粉20克（袋裝）◆ 奶油30克 **完成 La finition** 草莓500克 ◆ 糖粉 ◆ 塔用鏡面果膠（袋裝）

達克瓦茲

將糖粉和杏仁粉分開過篩。在蛋白中慢慢混入糖，打成泡沫狀，在打至硬性發泡蛋白霜時，用橡皮刮刀輕輕混入過篩的糖粉，接著是杏仁粉。

將旋風烤箱預熱至160℃（溫控器5-6）。將麵糊倒入裝有13號平口擠花嘴的擠花袋。

為直徑18公分的塔圈刷上奶油，擺在鋪有烤盤紙的烤盤上，在塔圈底部擠出一個螺旋狀麵糊，接著在邊緣擠出相連的麵糊小球，入烤箱烤10分鐘，中途將烤盤轉向。

將達克瓦茲置於網架上放涼後，將塔圈移除。

卡士達奶油醬

將牛乳和半根剖半刮出籽的香草莢煮沸。混合蛋黃和糖，倒入煮沸的牛乳，一邊快速攪打，混入卡士達粉，以小火加熱平底深鍋，攪拌至形成奶油醬，即第一次煮沸。在奶油醬降溫達60℃時，混入奶油。將卡士達奶油醬倒入攪拌盆中，保鮮膜緊貼在奶油醬表面。放涼。

完成

清洗草莓，將草莓連蒂頭一起晾乾。去蒂，將草莓切半。

為達克瓦茲小球篩上糖粉。在底部鋪上卡士達奶油醬，用湯匙的匙背均勻鋪開。將剩餘的卡士達奶油醬用於其他食譜。將切半草莓勻稱地擺在奶油醬上。依包裝說明，用糕點刷刷上塔用鏡面果膠。品嚐。

TARTE
NARANJA
巧克力橙塔

Bernard Proot	2塊塔	前一天開始準備
貝納‧布魯特	每塊6人份	準備：前一天1小時15分鐘，當天10分鐘
		加熱：前一天約50分鐘
		冷藏時間：2小時30分鐘＋2 × 12小時

砂布列麵團 La pâte sablée 室溫回軟的奶油235克 ◆ 細砂糖150克 ◆ 杏仁粉50克 ◆ 蛋100克 ◆ 麵粉475克＋工作檯用麵粉 ◆ 細鹽1克 **英式奶油醬 Le creme anglaise** 脂肪含量35%的液狀鮮奶油150克 ◆ 牛乳150克 ◆ 細砂糖75克 ◆ 蛋黃45克 **榛果杏仁海綿蛋糕 Le biscuit joconde noisette** 蛋黃135克 ◆ 細砂糖100克＋細砂糖30克 ◆ 榛果粉100克 ◆ 蛋白90克 ◆ 奶油20克 ◆ 麵粉30克 **柳橙奶油餡 Le crémeux orange** 吉力丁粉3克＋水15克 ◆ 蛋100克 ◆ 細砂糖115克 ◆ 新鮮柳橙汁150克 ◆ 室溫奶油35克 **杜絲巧克力奶油餡 Le crémeux Dulcey** 吉力丁粉2.6克＋水13克 ◆ 杜絲巧克力（chocolat Dulcey）325克 ◆ 可可脂（beurre de cacao）20克 ◆ 英式奶油醬290克（見下方食譜） **完成 La finition** 比利時焦糖餅乾（spéculoos）3片

砂布列麵團

前一天，用指尖混合奶油、糖和杏仁粉。慢慢混入蛋，接著是麵粉和細鹽。將麵團揉成球狀。以保鮮膜包起，冷藏2小時。

將旋風烤箱預熱至170℃（溫控器5-6）。

將砂布列麵團分為2個麵團。在撒有麵粉的工作檯上擀開，將麵皮套入2個18公分的塔圈，塔圈置於烤盤上。入烤箱烤12至15分鐘。出爐後，置於網架上放涼，並將塔圈移除。

英式奶油醬

在平底深鍋中將牛乳和液狀鮮奶油煮沸。在攪拌盆中攪打糖和蛋黃，直到混料泛白。將煮沸的牛乳和液狀鮮奶油的混料倒入備料中，一邊攪拌，再倒回鍋中，以小火加熱。攪拌至奶油醬達85℃的溫度，將鍋底浸入一盆裝有冰塊的水中。放涼。

榛果杏仁海綿蛋糕

在攪拌盆中攪打蛋黃、第一次秤重的糖和榛果粉，直到混料泛白。將蛋白和第二次秤重的糖攪打成泡沫狀蛋白霜。將奶油加熱至融化。輕輕將蛋黃、糖、榛果粉等備料混入泡沫狀蛋白霜中。混入麵粉，一邊攪拌，接著是放涼的融化奶油。將備料倒入裝有8號平口擠花嘴的擠花袋中。

將旋風烤箱預熱至200℃（溫控器6-7）。在鋪有烤盤紙的烤盤上擺上2個直徑16公分的塔圈，在塔圈中擠出螺旋狀麵糊，入烤箱烤6分鐘。在網架上放涼後將塔圈移除。

柳橙奶油餡

用冷水將吉力丁粉泡開。在平底深鍋中倒入蛋、糖和新鮮柳橙汁，以小火加熱，拌勻，加熱至85℃。離火並放涼至40℃，接著混入切塊的奶油和泡開的吉力丁拌勻。將柳橙奶油餡倒入砂布列麵團的塔底至一半的高度，將剩餘的奶油餡倒入4個直徑2公分的半球形矽膠模，和10個直徑1.5公分的半球形矽膠模。冷藏保存至隔天。

杜絲巧克力奶油餡

用冷水將吉力丁粉泡開。用鋸齒刀將巧克力和可可脂切碎，放入攪拌盆中，隔水加熱至40℃，讓巧克力和可可脂融化。將290克的英式奶油醬加熱至30℃，倒入巧克力和可可脂的混料，以手持式電動攪拌棒攪打。混入泡開的吉力丁，接著再度以手持式電動攪拌棒攪打。將榛果杏仁海綿蛋糕圓餅擺在柳橙奶油餡上，將塔冷藏保存30分鐘，接著倒入杜絲巧克力奶油餡至距離塔邊緣2公釐處。將剩餘的杜絲巧克力奶油餡保存在碗中，保鮮膜緊貼在奶油餡表面。冷藏保存至隔天。

完成

當天，將杜絲巧克力奶油餡倒入裝有4號平口擠花嘴的擠花袋。將半球形的柳橙奶油餡脫模，接著勻稱地擺在塔上，和擠出的杜絲巧克力奶油餡交替排列。在柳橙奶油餡和杜絲巧克力奶油餡小球旁，撒上比利時焦糖餅乾碎屑。冷藏保存至品嚐的時刻。

TARTE FLEUR
D'ASIE
亞洲花塔

◆　　　　◆　　　　◆

| Christophe Roussel
克里斯多夫·胡塞爾 | 6人份 | 準備：1小時30分鐘
加熱：約1小時
冷藏時間：1小時
冷凍：5小時 |

杏桃奶油醬 La crème à l'abricot 杏桃泥105克 ◆ 水16克 ◆ 細砂糖20克 ◆ 玉米粉3克 ◆ X58果膠1.6克 ◆ 室溫回軟的奶油30克 ◆ 杏桃白蘭地（eau-de-vie d'abricot）5克 **香醍白巧克力泡沫 Le mousseux Ivoire Chantilly** 可可脂含量33%的歐帕莉絲（Opalys）巧克力（或白巧克力）60克 ◆ 吉力丁粉0.8克＋水3.9克 ◆ 牛乳16克 ◆ 細砂糖12克 ◆ 桂花（osmanthus）精油0.3克 ◆ 脂肪含量35%且冰涼的液狀鮮奶油65克 **砂布列麵團 La pâte sablée** 室溫回軟的奶油60克 ◆ 糖粉40克 ◆ 細鹽1克 ◆ 杏仁粉15克 ◆ 蛋23克 ◆ 香草精1.25克 ◆ 麵粉115克 **穀片酥 Le croustillant aux céréales** 富含纖維的穀片（céréales）25克 ◆ 可麗餅薄脆（crêpes dentelles）12克 ◆ 鹽之花0.23克 ◆ 可可脂含量46%的白希比（Bahibe）巧克力18克 ◆ 杏仁帕林內（praliné amande）46克 **糖煮杏桃 La compotée d'abricots** 杏桃果瓣95克 ◆ 杏桃泥（下方食譜）30克 ◆ 蜂蜜90克 ◆ NH果膠1.3克 ◆ 細砂糖30克 ◆ 杏桃白蘭地3克 **柳橙鏡面 Le glaçage orange** 吉力丁片6克 ◆ 細砂糖90克 ◆ 葡萄糖90克 ◆ 甜煉乳60克 ◆ 水45克 ◆ 可可脂26克 ◆ 天然橙色食用色素1刀尖 ◆ 杏桃白蘭地10克 **杏桃馬斯卡邦乳酪奶油醬 La crème mascarpone-abricot** 脂肪含量35%的液狀鮮奶油125克 ◆ 馬斯卡邦乳酪125克 ◆ 細砂糖25克 ◆ 杏桃白蘭地40克 **綠巧克力裝飾 Le décor chocolat vert** 伊芙兒巧克力（或白巧克力）100克 ◆ 抹茶粉1克

杏桃奶油醬

以小火加熱杏桃泥和水。混合糖、玉米粉和果膠，接著全部倒入杏桃泥中。混合並煮沸，煮沸後再繼續沸騰1至2分鐘。放涼，接著再將備料加熱至36/38℃，離火。混入室溫回軟的奶油和杏桃白蘭地，以手持式電動攪拌棒攪打。將1個直徑14/15公分且高1公分的塔圈，擺在鋪有保鮮膜的烤盤上。將備料倒入塔圈，將表面抹平。冷凍保存2小時。

香醍白巧克力泡沫

用鋸齒刀將巧克力切碎。放入攪拌盆，隔水加熱至45℃，讓巧克力融化。

用水將吉力丁粉泡開。將牛乳加熱，接著混入泡開的吉力丁溶化。緩緩倒入融化的巧克力中，一邊攪打，以手持式電動攪拌棒攪打至最多不超過45℃的溫度，混入桂花精油。在液狀鮮奶油中緩緩倒入糖，攪打成鮮奶油香醍，輕輕的與巧克力混合。倒入裝有8號平口擠花嘴的擠花袋，接著將香醍白巧克力泡沫鋪在直徑14/15公分且高2.5公分的圓形矽膠模內。

將冷凍杏桃奶油醬的塔圈移除。擺入香醍白巧克力泡沫中，並稍微嵌入。最後鋪上一層香醍白巧克力泡沫，接著用抹刀將表面抹平。冷凍3小時。

砂布列麵團

在工作檯上混合軟化的膏狀奶油、糖粉、細鹽、杏仁粉、蛋和香草精。將麵粉過篩，接著混入成團，勿過度搓揉。以保鮮膜包起，冷藏靜置1小時。

將旋風烤箱預熱至145℃（溫控器4-5）。

在撒有麵粉的工作檯上將麵團擀開。將1個直徑20公分的塔圈擺在鋪有烤盤紙的烤盤上，將麵皮套入塔圈。用叉子在底部戳出大量的孔洞，入烤箱烤35分鐘。出爐後，讓塔底在網架上放涼。將塔圈移除。

穀片酥

將穀片、可麗餅薄脆和壓碎的鹽之花稍微弄碎。用鋸齒刀將巧克力切碎，放入攪拌盆中，隔水加熱至融化。將攪拌盆從隔水加熱的鍋中取出。混入杏仁帕林內，接著是穀片等備料。鋪在酥脆塔皮麵團底部，用叉子鋪開。

糖煮杏桃

以小火煮杏桃果瓣、杏桃泥、蜂蜜、果膠和糖15分鐘。離火，混入杏桃白蘭地。以手持式電動攪拌棒攪打。放涼，接著將糖煮杏桃鋪在穀片酥上。

柳橙鏡面

用大量的水將吉力丁片泡軟還原。將糖、葡萄糖、甜煉乳和水加熱至106℃。將可可脂放入碗中，隔水加熱至融化。混入糖等備料、橙色食用色素和杏桃白蘭地和擠乾水份的吉利丁。以手持式電動攪拌棒攪打。將碗持續隔水加熱，讓鏡面溫度維持在33/35℃。將裝有香醍白巧克力泡沫和杏桃奶油醬的矽膠模脫模，放在置於烤盤的網架上，淋上33/35℃的柳橙鏡面。讓鏡面凝固，接著擺在塔上。

杏桃馬斯卡邦乳酪奶油醬

將液狀鮮奶油和馬斯卡邦乳酪混合，混入糖和杏桃白蘭地。攪打成軟的鮮奶油香醍，接著倒入裝有吉布斯特（chiboust）擠花嘴的擠花袋（如果沒有的話，就將擠花袋斜切）。在塔周圍擠上緞帶般的波浪狀。將塔冷藏保存。

綠巧克力裝飾

為巧克力調溫（見310頁），並加入抹茶粉。倒入烤盤紙製成的圓錐形紙袋，在塑膠片上製作底部相連的彎曲細苗。冷藏凝固。

將綠巧克力裝飾輕輕從塑膠片上剝離，勻稱地擺在塔上。將塔冷藏保存至品嚐的時刻。

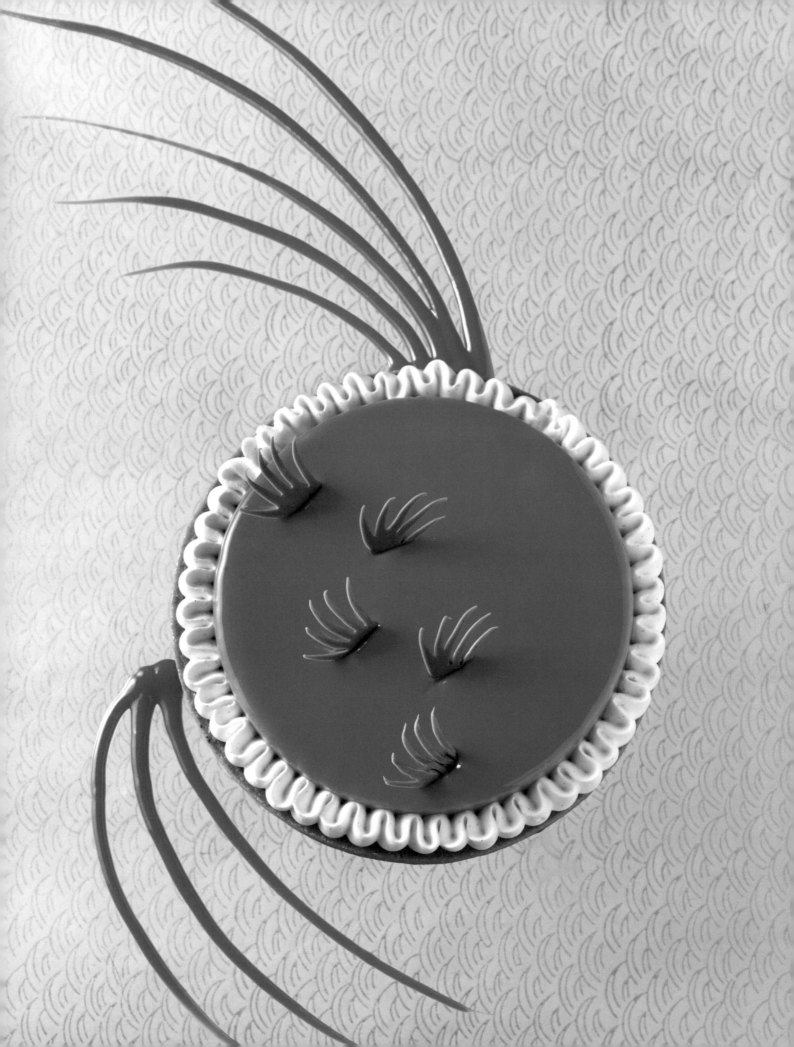

難以抗拒的單人糕點

Irrésistibles

◆ ◆ ◆

LES INDIVIDUELS

GROSPIRON
格斯佩龍

Patrick Agnellet	6個單人糕點	準備：1小時30分鐘
派翠克·阿涅雷		加熱：約20分鐘
		冷凍：2×30分鐘

白巧克力半球 Les demi-sphères au chocolat blanc 可可脂含量35%的覆蓋白巧克力（couverture blanc）800克 **焦糖香草慕斯 Le suprême caramel vanille** 吉力丁粉3克 ◆ 水15克 ◆ 波旁香草莢（gousse de vanille Bourbon）1/2根 ◆ 細砂糖80克 ◆ 脂肪含量35%且冰涼的液狀鮮奶油250克＋70克 ◆ 蛋黃75克 **青檸檬香蕉芭菲 Le parfait citron vert-banane** 充分成熟的香蕉15克 ◆ 未經加工處理的青檸檬皮1顆 ◆ 青檸檬汁8克 ◆ 蛋白50克 ◆ 細砂糖30克 ◆ 脂肪含量35%且冰涼的液狀鮮奶油30克 **酥底 Le fond croustillant** 牛奶巧克力90克 ◆ 占度亞榛果巧克力60克 ◆ 可麗餅薄脆碎片（crêpes dentelles brisées）100克 ◆ 爆米香（riz soufflé）20克 **完成 La finition** 可可豆碎片（éclats de fèves de cacao）25克 ◆ 食用金箔（feuille d'or alimentaire）

白巧克力半球

為白巧克力調溫（見310頁）。將白巧克力分裝至12個直徑5.5公分的半球形矽膠模中塑形，讓巧克力凝固。擺在鋪有烤盤墊的烤盤上，冷藏。

焦糖香草慕斯

用冷水將吉力丁粉泡開。將半根香草莢剖開並去籽。在平底深鍋中將糖煮至形成紅褐色焦糖，分3次倒入第一次秤重的液狀鮮奶油，混入香草籽，加入蛋黃混合。煮至82℃，離火。加入泡開的吉力丁，攪拌均勻後冷藏保存。

將第二次秤重的液狀鮮奶油攪打至形成打發鮮奶油。將焦糖備料加熱至27℃，用打蛋器將焦糖備料和打發鮮奶油混合。

青檸檬香蕉芭菲

在食物料理機的攪拌缸中攪打香蕉、青檸檬皮和檸檬汁。將電動攪拌機攪拌盆中的蛋白隔水加熱至70℃，一邊慢慢混入糖，攪拌成蛋白霜。離火後，持續攪打蛋白5分鐘。將鮮奶油打發並混入果泥，接著是一半

的蛋白霜，混入香蕉和青檸檬的果泥，接著加入剩餘的蛋白霜。將備料倒入裝有16號平口擠花嘴的擠花袋。在鋪有烤盤紙的烤盤上，擠出12個直徑4公分的圓球。將烤盤冷凍30分鐘。

酥底

將牛奶巧克力和占度亞榛果巧克力分開融化，接著混合。混入可麗餅薄脆碎片和爆米香。在烤盤紙上，將備料鋪至1公分厚，用直徑5.5公分的壓模裁出圓餅。冷藏至酥底變硬。

完成

將可可豆碎片分裝至6個白巧克力半球的底部，鋪上2/3的焦糖香草慕斯，在中央嵌入青檸檬香蕉芭菲球。以小火加熱另一半白巧克力半球的底部，並快速擺在熱烤盤上，再立即擺在鋪有餡料的半球上，讓邊緣密合，形成球狀。冷凍30分鐘。

將6個酥底圓餅分裝至6個個人餐盤中。以小火加熱6個夾心球的底部，並非常快速地一一擺在熱烤盤上。再立刻擺在酥底圓餅中央。依個人喜好裝飾。

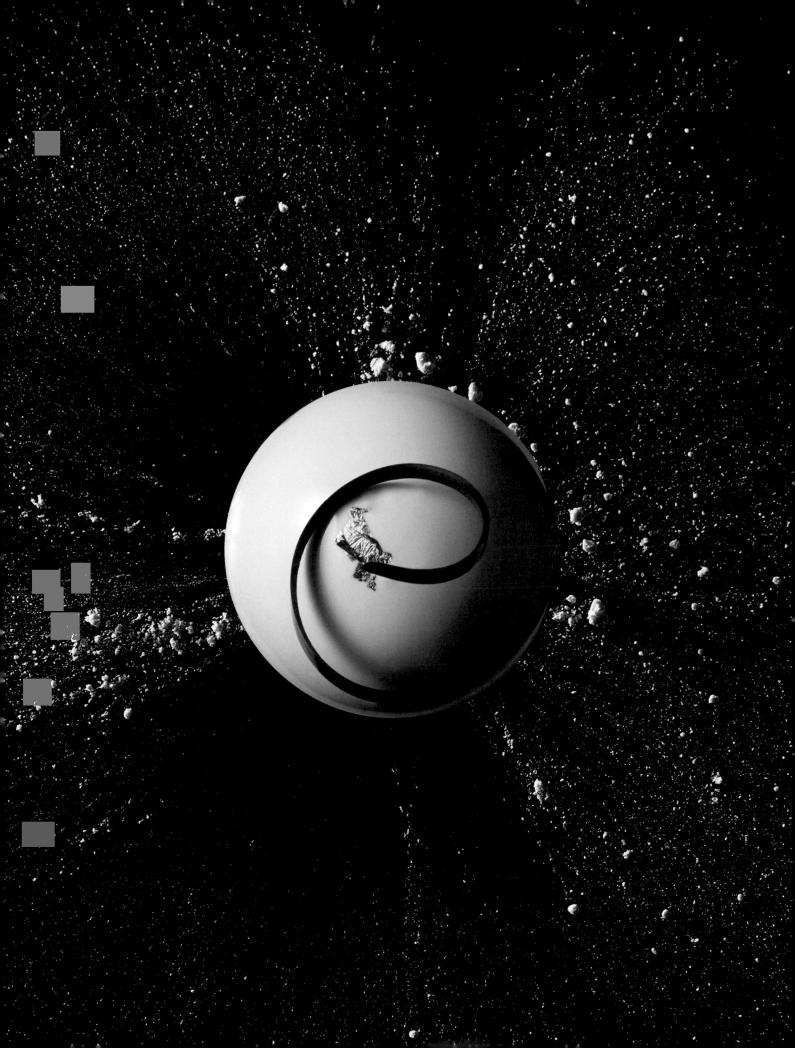

CÉLESTIN
塞雷斯當

Jean-Paul Bardet
尚保羅・巴岱

10人份

準備：45分鐘
加熱：約1小時40分鐘

酥粒麵團 La pâte du crumble 白砂糖（sucre blanc concassé）50克 ◆ 紅糖50克 ◆ 去皮杏仁粉100克 ◆ 麵粉100克 ◆ 細鹽2克 ◆ 切成小塊的冷奶油100克 **焦糖 La caramel** 細砂糖500克 ◆ 葡萄糖漿100克 ◆ 水100克 **蘋果 Les pommes** 整顆（金冠golden或皇家加拉royal gala）蘋果10顆 ◆ 奶油80克 ◆ 細砂糖20克 ◆ 肉桂粉5撮 ◆ 蘋果酒（cidre brut）240克 **甘那許 La ganache** 可可脂含量67%的鈕扣巧克力（palets de chocolat）200克 ◆ 液狀鮮奶油300克 ◆ 細砂糖50克

酥粒麵團

將旋風烤箱預熱至160℃（溫控器5-6）。將白砂糖、紅糖、去皮杏仁粉、麵粉和鹽倒入電動攪拌機的攪拌缸中，加入冷奶油塊。以電動攪拌機快速攪打。將酥粒麵團分裝至10個直徑7.5公分的圓形矽膠模至最高約1公分的高度。入烤箱烤1小時。讓酥粒圓餅在模型內冷卻，接著脫模。

焦糖

在平底深鍋中，將糖、葡萄糖漿和水煮成焦糖。將焦糖鋪在直徑7.5公分的半球形矽膠模中，一邊轉動，讓每一面都形成薄薄的焦糖殼。小心地脫模。將焦糖殼擺在烤盤墊上。保存在室溫下。將剩餘的焦糖保留作為蘋果薄片的烹煮用。

蘋果

將蘋果削皮並去核。將蘋果橫切成5至6片薄片。在大型的煎炒平底鍋（sauteuse）中加熱奶油。放入蘋果薄片，煎5分鐘，並小心地翻動。撒上糖和肉桂。倒入蘋果酒和剩餘的焦糖。將煎鍋加蓋。以小火煮20分鐘。將蓋子打開，讓蘋果在鍋中以室溫放涼。用漏勺（écumoire）將冷卻的蘋果薄片取出。置於濾器上瀝乾。

甘那許

將巧克力放入攪拌盆中，隔水加熱至融化。將液狀鮮奶油和糖加熱至35℃。分3次倒入融化的巧克力中，一邊從中央開始朝外以繞圈方式攪拌。將甘那許倒入焗烤盤。將保鮮膜緊貼在甘那許表面。冷藏保存至甘那許形成乳霜狀。倒入無擠花嘴的擠花袋。

完成

將酥粒圓餅鋪在工作檯上。在每塊圓餅上擺上蘋果薄片，小心地重建蘋果最初的形狀。在蘋果中央鋪上乳霜狀甘那許。蓋上半球形焦糖。將塞雷斯當擺在個人餐盤上。

MISTERI
米斯特里

Daniel Alvarez	10人份	準備：1小時
丹尼爾‧亞瓦瑞茲		加熱：約55分鐘
		冷凍：7小時
		冷藏時間：2小時

橘子奶油餡 Le crémeux mandarine 吉力丁粉1克＋水5克 ◆ 液狀鮮奶油150克＋液狀鮮奶油60克 ◆ 蛋黃35克 ◆ 細砂糖25克 ◆ 未經加工處理的檸檬皮1克（1顆） ◆ 未經加工處理的橘子皮2克（1顆） **可可橘子蛋糕體 Le biscuit cacao-mandarine** 蛋白90克 ◆ 細砂糖90克 ◆ 蛋黃90克 ◆ 麵粉18克 ◆ 馬鈴薯澱粉18克 ◆ 無糖可可粉18克 ◆ 奶油40克 ◆ 未經加工處理的新鮮橘子皮1克（1顆） **可可砂布列酥餅 Le sablé cacao** 奶油30克 ◆ 細砂糖19克 ◆ 細鹽0.5克 ◆ 杏仁粉6克 ◆ 蛋12克 ◆ 麵粉40克 ◆ 無糖可可粉5克 **浸潤糖漿 Le sirop d'imbibage** 水300克 ◆ 細砂糖150克 ◆ 橘子汁45克 ◆ 君度橙酒（Cointreau）20克 **黑巧克力慕斯 La mousse chocolat noir** 可可脂含量65%的黑巧克力100克 ◆ 液狀鮮奶油38克＋液狀鮮奶油180克 ◆ 牛乳38克 ◆ 金合歡花蜜15克 ◆ 蛋黃38克 **焦糖牛奶鏡面 Le glaçage lacté caramel** 吉力丁粉2.5克＋水12.5克 ◆ 牛乳75克 ◆ 葡萄糖24克 ◆ 焦糖牛奶巧克力（chocolat au lait et caramel）180克

橘子奶油餡

將吉力丁泡水15分鐘至泡開。一邊攪打第一次秤重的液狀鮮奶油、蛋黃、糖、檸檬皮和橘子皮，以小火一邊加熱煮至82℃的溫度。加入泡開的吉力丁，攪拌均勻。將第二次秤重的液狀鮮奶油攪打至半打發，接著混入備料中。將奶油餡分裝至直徑3公分的矽膠圓形多連模中，至少10個。冷凍保存2小時。

可可橘子蛋糕體

將旋風烤箱預熱至230℃（溫控器7-8）。將蛋白和一半的糖攪打至形成鳥嘴的泡沫狀（不要過度打發）。混合蛋黃和剩餘的糖，攪拌至泛白，接著混入少許的泡沫狀蛋白霜拌至均勻，再混入剩餘的泡沫狀蛋白霜。

將麵粉、馬鈴薯澱粉和可可粉過篩。以小火將奶油加熱至融化，加入橘子皮。用橡皮刮刀將麵粉、馬鈴薯澱粉和可可粉的混料，輕輕混入泡沫狀蛋糊中，再倒入融化的橘子奶油輕輕混合。將麵糊倒入鋪有烤盤紙的烤盤至0.5公分的厚度，入烤箱烤約20分鐘。出爐後，將蛋糕體倒扣在網架上。將烤盤紙移除，蛋糕體放涼。

將冷卻的蛋糕體切成10個直徑4公分的圓餅。

可可砂布列酥餅

將旋風烤箱預熱至160℃（溫控器5-6）。

在裝有勾狀攪拌棒的電動攪拌機鋼盆中，混合奶油、糖和細鹽，接著混入杏仁粉和蛋。攪拌後混入過篩的麵粉和可可粉，將麵團放入鋪有烤盤紙的烤盤，壓平至3公釐厚，入烤箱烤16至17分鐘。出爐後，讓酥餅在網架上放涼。

將冷卻的酥餅切成10個直徑4公分的圓餅。

浸潤糖漿

將水和糖煮沸，放涼後加入橘子汁和君度橙酒。

黑巧克力慕斯

用鋸齒刀切碎的巧克力放入攪拌盆中。加熱第一次秤重的液狀鮮奶油、牛乳和金合歡花蜜。在平底深鍋中攪拌蛋黃，接著不停攪打，緩緩倒入鮮奶油、牛乳和蜂蜜的混合備料，煮至82℃的溫度，接著倒在切碎的巧克力上。以手持式電動攪拌棒攪打，放涼至38℃。將第二次秤重的液狀鮮奶油攪打至半打發，接著混入38℃的備料中。將慕斯冷藏保存。

焦糖牛奶鏡面

將吉力丁泡水15分鐘至泡開。將牛乳和葡萄糖煮沸，加入泡開的吉力丁，混合並放涼至35℃。將鋸齒刀切碎的巧克力放入攪拌盆中，將35℃的備料倒入切碎的巧克力中，以手持式電動攪拌棒攪打至均質。

組裝

將黑巧克力慕斯填入10個半球形矽膠多連模的孔洞中至半滿。將橘子奶油餡脫模，稍微嵌入黑巧克力慕斯中，蓋上剩餘的黑巧克力慕斯。用糕點刷為可可橘子蛋糕體圓餅刷上浸潤糖漿。將圓餅擺在黑巧克力慕斯上，最後再擺上可可酥餅。冷凍保存5小時。

完成

將蛋糕在置於烤盤的網架上脫模。將焦糖牛奶鏡面加熱至45℃，淋在蛋糕上。依個人靈感進行裝飾。冷藏保存2小時後品嚐。

MILLE-FEUILLE FINGER
AU CHOCOLAT ILLANKA
藝蘭卡巧克力手指千層派

Frédéric Cassel 費德烈克・卡塞	12人份	提前二天開始準備 準備：前二天30分鐘，前一天5分鐘， 當天1小時 冷藏時間：12小時＋12小時 浸泡時間：當天15分鐘 加熱：當天1小時

折疊派皮 La pâte feuilletée 精製白麵粉500克 ◆ T45麵粉500克 ◆ 細鹽25克 ◆ 水450克 ◆ 奶油150克＋奶油700克 **焦糖千層派 Le feuilletage caramélisé** 糖粉 **可可粒千層酥 La feuillantine au grué de cacao** 頂級卡拉卡斯可可脂含量56%的黑巧克力（chocolat noir Grand Caraque a 56 % de cacao）30克 ◆ 奶油10克 ◆ 榛果醬（pâte de noisettes）55克 ◆ 杏仁榛果含量50%的帕林內55克 ◆ 黃金可麗餅脆片（éclats d'or）30克 ◆ 可可粒（grué de cacao）30克 **藝蘭卡巧克力甘那許 La ganache Illanka** 液狀鮮奶油130克＋液狀鮮奶油250克 ◆ 葡萄糖15克 ◆ 金合歡花蜜 15克 ◆ 零陵東加豆（fève tonka）1顆 ◆ 可可脂含量63%的藝蘭卡（Illanka）黑巧克力120克 **鹽之花巧克力碎片 Les débris de chocolat à la fleur de sel** 可可脂含量63%的藝蘭卡黑巧克力200克 ◆ 鹽之花4克 **藝蘭卡黑巧克力片 Les plaques de chocolat noir Illanka** 藝蘭卡黑巧克力600克

折疊派皮

提前二天製作折疊派皮，請依次頁的主廚說明進行。

前一天，取400克的折疊派皮，將剩餘的冷凍。將折疊派皮擀成長55公分、寬15公分且厚1.5公分的長方形。將長方形派皮冷藏保存至隔天。

當天，將折疊派皮從冰箱中取出，擺在鋪有烤盤紙的烤盤上，用糕點刷在紙上刷上少許水分。將長方形的折疊派皮擺在烤盤紙上，用叉子在整個長方形派皮的表面戳洞。冷藏靜置1至2小時，目的是讓派皮在烘烤時可以進行更完善地烘烤，而且不會收縮。

將旋風烤箱預熱至170℃（溫控器5-6）。

入烤箱烤40分鐘。

焦糖千層派

將烤盤取出，將烤箱溫度維持在240℃。為熱的折疊派皮均勻地篩上糖粉。再放入烤箱烤幾分鐘，將折疊派皮烤出焦糖，並就近留意焦糖化的過程。出爐後在網架上放涼，將冷卻的長方形折疊派皮切成長36公分，且寬11公分的長方形。

可可粒千層酥

用鋸齒刀將巧克力切碎,和奶油一起放入攪拌盆中,隔水加熱至融化。在裝有攪拌槳的電動攪拌機鋼盆中,將榛果醬和杏仁榛果帕林內攪拌均勻,混入融化的巧克力和奶油,接著是黃金可麗餅脆片和可可粒。倒在透明塑膠片上,鋪成寬11公分、長36公分的條狀。在室溫下凝固,接著擺在烤盤上冷凍保存。

藝蘭卡巧克力甘那許

將第一次秤重的液狀鮮奶油、葡萄糖和金合歡花蜜煮沸,離火。在混料上方刨下一些零陵東加豆碎屑,加蓋並浸泡15分鐘。用鋸齒刀將巧克力切碎,放入攪拌盆中,隔水加熱至融化。將浸泡的鮮奶油過濾至平底深鍋中,煮沸,接著分3次倒入碎巧克力中,一邊從中央開始慢慢向外,以同心圓動作攪拌。用手持式電動攪拌棒攪打至均質。混入第二次秤重冷的液狀鮮奶油,將甘那許倒入盤中,保鮮膜緊貼在甘那許表面。冷藏保存至甘那許凝固。

鹽之花巧克力碎片

為黑巧克力調溫(見310頁)。將鹽之花過篩,接著混入調溫巧克力中。倒在塑膠片上,用L型抹刀將調溫巧克力鋪成薄薄一層。讓巧克力在室溫下凝固,接著將巧克力薄片敲碎,形成碎片。

藝蘭卡黑巧克力片

為黑巧克力調溫(見310頁)。用L型抹刀在塑膠片上將巧克力鋪成薄薄一層,在巧克力幾乎凝固時,切成12條長11公分且寬2.7公分的長條。

完成

在裝有攪拌槳的電動攪拌機鋼盆中,攪打藝蘭卡巧克力甘那許,讓甘那許軟化,請勿過度打發。倒入裝有12號平口擠花嘴的擠花袋。將千層酥條焦糖面朝上地擺在工作檯上,用抹刀鋪上極薄的一層藝蘭卡巧克力甘那許,擺上可可粒千層酥,冷凍凝固10分鐘,接著將長方形的焦糖千層酥切成寬2.7公分的條狀。在每條千層酥上擠出2條的藝蘭卡巧克力甘那許。撒上鹽之花巧克力碎片,最後再放上1片藝蘭卡黑巧克力片。將千層派冷藏保存至品嚐的時刻。

Préparation de la pâte feuilletée 折疊派皮的製作:提前二天,在裝有勾狀攪拌棒的電動攪拌缸中混合麵粉、細鹽和第一次秤重的切塊奶油。倒入水,接著以高速攪拌至麵團均勻,將麵團揉成球狀,割出十字形。冷藏保存3小時。
在撒有麵粉的工作檯上將麵團的四角壓扁,接著擀成邊長30公分的正方形麵皮,並讓中央略為鼓起。用擀麵棍將第二次秤重的奶油敲打至形成邊長15至20公分的正方形。將奶油轉45度擺在正方形的麵皮中央,將4邊朝奶油折起包覆。將麵團擀成約厚1公尺的長方形。將麵團折3折,形成皮夾折。麵團轉90度,冷藏靜置2小時。繼續同樣的步驟5次。將折疊派皮冷藏保存至隔天。

SUC
AU MAY
火山頂

Bernard Besse
貝納·貝斯

8人份

準備：1小時15分鐘
加熱：約45分鐘
冷凍：2小時
冷藏時間：至少3小時

泡芙蛋糕體 Le biscuit pâte à choux 牛乳50克 ◆ 奶油60克 ◆ 麵粉80克 ◆ 蛋250克 ◆ 蛋白200克 ◆ 細砂糖70克 **卡士達奶油醬 La creme patissiere** 牛乳1公升 ◆ 香草莢1根 ◆ 蛋黃80克 ◆ 細砂糖150克 ◆ 玉米粉90克 **法式奶油霜 La crème au beurre** 細砂糖300克 ◆ 水130克 ◆ 蛋200克 ◆ 奶油400克 **蛋白霜 La meringue** 蛋白150克 ◆ 細砂糖125克 ◆ 糖粉125克 **內餡 La garniture** 液狀鮮奶油500克 ◆ 卡士達奶油醬（見下方食譜）500克 ◆ 法式奶油霜500克 ◆ 櫻桃酒40克（可省略） **完成 La finition** 野生藍莓300克

泡芙蛋糕體

將旋風烤箱預熱至180℃（溫控器6）。將牛乳和奶油煮沸，倒入麵粉，接著持續加熱攪拌幾分鐘，直到麵糊不沾黏平底深鍋內壁。將麵糊放入裝有攪拌槳的電動攪拌機鋼盆中。混入蛋，一次一顆。取另一鋼盆，在蛋白中慢慢混入糖，打成泡沫狀蛋白霜。將泡沫狀蛋白霜輕輕混入備料中，在鋪有烤盤紙的烤盤上，將泡芙麵糊鋪至5公釐的厚度。入烤箱烤10分鐘，接著擺在網架上。

卡士達奶油醬

將牛乳和剖半刮出籽的香草莢煮沸。在攪拌盆中快速攪打蛋黃和糖，直到混料泛白。將部分牛乳倒入蛋黃和糖的混料中，接著混入玉米粉。再將形成的奶油醬倒回裝有剩餘牛乳的鍋中，不停攪拌續煮奶油醬3至4分鐘。取出香草莢，將奶油醬倒入碗中，保鮮膜緊貼在奶油醬表面，以免結皮。冷藏保存。

法式奶油霜

將糖和水煮至121℃的溫度。將蛋放入攪拌盆中，接著以細流狀倒入121℃的糖漿，一邊攪打。在溫度降至18℃／20℃時，混入切塊奶油。保存在室溫下。

蛋白霜

將蛋白攪打成泡沫狀，一邊慢慢加入糖。在蛋白霜打發時，加入糖粉，用橡皮刮刀混合。

內餡

將液狀鮮奶油攪打至形成打發鮮奶油。混合500克的卡士達奶油醬和500克的法式奶油霜（亦可加入櫻桃酒），再輕輕混入打發鮮奶油。

完成

將泡芙蛋糕體切成2塊直徑16公分，和1塊直徑18公分的圓餅，接著是高約4公分且長18公分的長條。在直徑18公分的半球形模型底部，鋪上第一塊16公分的泡芙蛋糕體圓餅，並按壓每一邊。最後圍上長條狀的泡芙蛋糕體，調整邊緣。在底部鋪上第一層的內餡，在表面鋪上100克的野生藍莓，並鋪上一層內餡，接著是100克的野生藍莓，再蓋上一層內餡。擺上第二塊16公分的泡芙蛋糕體圓餅，鋪上一層內餡，接著撒上100克的野生藍莓，加上一層內餡。最後再擺上直徑18公分的泡芙蛋糕體圓餅。冷凍保存2小時。

將蛋糕在網架上脫模，用刮刀鋪上蛋白霜。用噴槍將外層烤至焦糖化上色。將蛋糕冷藏保存至少3小時後再品嚐。

PASSIONNÉMENT
激情

| Christophe Calderon
克里斯多夫・卡德朵 | 8人份 | 準備：1小時30分鐘
加熱：約40分鐘
冷藏時間：2小時
冷凍：2小時 |

黑巧克力蛋殼 Les coques chocolat noir 可可脂含量58%的黑巧克力400克 **異國庫利 Le coulis exotique** 百香果肉72克 ◆ 椰子果肉（pulpe de noix de coco）23克 ◆ 芒果肉42克 ◆ 細砂糖41克＋NH果膠2克 **無麵粉巧克力蛋糕體 Le biscuit chocolat sans farine** 可可脂含量58%的加勒比（Caraïbes）黑巧克力82克 ◆ 純可可膏18克 ◆ 蛋白183克 ◆ 細砂糖115克 ◆ 蛋黃146克 **百香奶油餡 Le crémeux Passion** 吉力丁粉2.7克＋水13.5克 ◆ 百香果肉127克 ◆ 椰子果肉54克 ◆ 細砂糖46克 ◆ 蛋34克 ◆ 蛋黃27克 ◆ 奶油45克 **英式牛奶巧克力慕斯 La mousse chocolat au lait à l'anglaise** 可可脂含量40%的牛奶巧克力75克 ◆ 可可脂含量58%的加勒比黑巧克力14克 ◆ 牛乳56克 ◆ 蛋黃11克 ◆ 細砂糖22克 ◆ 液狀鮮奶油121克 **黃色鏡面 Le glaçage jaune** 吉力丁粉13克＋水78克 ◆ 牛乳110克 ◆ 細砂糖220克 ◆ 液狀鮮奶油225克 ◆ 葡萄糖75克 ◆ 細砂糖70克＋馬鈴薯澱粉20克 ◆ 天然黃色食用色素0.2克

黑巧克力蛋殼

為巧克力調溫（見310頁），接著倒入16個直徑7公分的半圓形矽膠模，塑形成蛋殼狀，讓巧克力在室溫下凝固。以直徑5公分的壓模，在8個巧克力蛋殼上扭轉裁出開口。

異國庫利

將百香果肉、椰子果肉和芒果肉加熱至40℃。混合糖和果膠，接著混入40℃的果肉中。煮沸，接著以手持式電動攪拌棒攪打至均質。分裝至8個直徑4公分的圓形矽膠模。冷凍凝固1小時。

無麵粉巧克力蛋糕體

將旋風烤箱預熱至175℃（溫控器5-6）。用鋸齒刀將巧克力和純可可膏切碎。放入攪拌盆中，隔水加熱至45℃，讓巧克力和純可可膏融化。
在蛋白中緩緩倒入糖，攪打成蛋白霜。將蛋黃混入45℃的巧克力和純可可膏的混料中，接著倒入蛋白霜輕輕混合。將備料倒在鋪有烤盤紙的烤盤上至0.5公分的厚度，入烤箱烤15分鐘。將巧克力蛋糕體放涼，再切成直徑4公分的圓餅。

百香奶油餡

用水將吉力丁粉泡開。將百香果肉、椰子果肉和糖加熱至50℃，加入蛋和蛋黃不停攪拌，煮至85℃。離火後混入泡開的吉力丁，用手持式電動攪拌棒攪打均勻，冷卻至50℃後混入切塊奶油。再度以手持式電動攪拌棒攪打至均質，接著將百香奶油餡分裝至8個直徑4公分的圓形矽膠模。冷凍凝固1小時。

英式牛奶巧克力慕斯

用鋸齒刀切碎的牛奶巧克力和黑巧克力放入攪拌盆中。將牛乳加熱至50℃的溫度，加入混合好的蛋黃和細砂糖，不停攪拌，煮至85℃的溫度，接著透過網篩倒入切碎的巧克力中。以手持式電動攪拌棒攪打均勻，接著將備料放涼至34℃。將液狀鮮奶油攪打至形成打發鮮奶油，輕輕混入備料中，立刻分裝至8個巧克力蛋殼中（未打洞的）。

黃色鏡面

用水將吉力丁泡開。將牛乳、糖、液狀鮮奶油和葡萄糖煮沸。混合糖和馬鈴薯澱粉，混入煮沸的牛乳中不停攪拌，煮沸2分鐘。離火後放涼至50℃的溫度，混入泡開的吉力丁。以手持式電動攪拌棒攪打，接著過篩。冷藏保存。

組裝

將半球形的異國庫利脫模，擺在置於烤盤的網架上。為每個庫利淋上黃色鏡面，讓鏡面凝固。

將百香奶油餡圓餅擺在巧克力慕斯上，將百香奶油餡稍微壓進巧克力慕斯中。放上巧克力蛋糕體圓餅，接著將表面整平。擺上淋有黃色鏡面的百香奶油餡，為每份糕點蓋上打洞的半球形巧克力蛋殼。冷藏保存2小時後品嚐。

PROFITEROLES
PISTACHE-FRAISE
開心果草莓小泡芙

| Alain Chartier
亞倫‧夏堤耶 | 8人份
（每人4顆泡芙） | 準備：45分鐘
加熱：約1小時
浸泡時間：4小時
冷凍：雪酪和冰淇淋，冷凍至使用的時刻！
浸泡時間：4小時 |

草莓雪酪 Le sorbet fraise 檸檬汁30克＋水100克 ◆ 細砂糖250克 ◆ 葡萄糖粉120克 ◆ 蘋果果膠（pectine de pommes）5克 ◆ 草莓1公斤 **開心果冰淇淋 La crème glacée pistache** 全脂牛乳580克 ◆ 奶粉50克 ◆ 細砂糖120克 ◆ 葡萄糖粉60克 ◆ 開心果醬（pâte de pistaches）60克 ◆ 蛋黃60克 **泡芙脆皮 Le craquelin pâte à choux** 麵粉185克 ◆ 室溫回軟的奶油150克 ◆ 紅糖185克 ◆ 天然綠色食用色粉2滴 ◆ 天然紅色食用色粉2滴 **泡芙麵糊 La pâte à choux** 牛乳125克 ◆ 水125克 ◆ 奶油125克 ◆ 細鹽4克 ◆ 麵粉140克 ◆ 蛋200克 **草莓焦糖 Le caramel fraise** 草莓100克 ◆ 細砂糖110克 ◆ 葡萄糖漿110克 ◆ 液狀鮮奶油80克 ◆ 奶油60克 **完成 La finition** 草莓3顆 ◆ 整顆開心果3顆切碎

草莓雪酪

將檸檬汁和水加熱至40℃。在一張烤盤紙上混合糖、葡萄糖粉和蘋果果膠，將上述混料倒入加熱至40℃的檸檬汁中，繼續煮至糖漿達85℃的溫度，立刻將平底深鍋的鍋底浸入一盆裝有冰塊的冷水中，放涼並不時攪拌。將糖漿倒入攪拌盆中，浸泡4小時。

清洗草莓並晾乾，去蒂，依草莓的大小切半或切成4塊，用食物料理機攪打成泥狀，將草莓泥混入冷卻的糖漿中，再度用食物料理機攪打攪打。

將備料倒入雪酪機，依機器的使用說明製作雪酪。備料一凝固成雪酪，就將雪酪放入冰淇淋盒中。冷凍保存。

開心果冰淇淋

將牛乳和奶粉加熱至35℃。在烤盤紙上混合糖和葡萄糖粉，將這混料倒入加熱至35℃的牛乳中。在攪拌盆中混合液狀鮮奶油、開心果醬和蛋黃，再混入牛乳中，接著煮至奶油醬達85℃的溫度，不停攪拌。立刻將平底深鍋的鍋底浸入一盆裝有冰塊的冷水中，放涼並不時攪拌。

將備料倒入雪酪機，依機器的使用說明製作冰淇淋。備料一凝固成冰淇淋，就放入冰淇淋盒中。冷凍保存。

泡芙脆皮

將麵粉過篩至攪拌盆中，混入紅糖和軟化的膏狀奶油。將備料分裝至2個攪拌盆中，以便分別染色。個別加入綠色和紅色的食用色素，用橡皮刮刀攪拌，接著分別夾在2張烤盤紙之間，擀成約1公釐的厚度。在製作泡芙期間冷藏保存。

泡芙麵糊

將麵粉過篩至烤盤紙上。將牛乳、奶油和細鹽加熱。煮沸時，將平底深鍋離火，接著一次倒入麵粉。再以大火加熱平底深鍋，快速攪拌至麵糊不沾黏容器邊緣。混入蛋，一次一顆，每次加蛋之間快速攪打。將泡芙麵糊倒入裝有10號平口擠花嘴的擠花袋。在鋪有烤盤紙的烤盤上擠出40顆直徑3公分的泡芙。將旋風烤箱預熱至220℃（溫控器7-8）。將2張泡芙脆皮的第一張烤盤紙移除，從泡芙脆皮中切出20個直徑2.5公分的圓餅，接著將脆皮麵片擺在每個泡芙上。

將烤盤放入烤箱，將溫度調低至180℃（溫控器6），烤30分鐘。出爐後，將泡芙擺在網架上放涼。

草莓焦糖

沖洗草莓並晾乾，去蒂。依草莓的大小切半或切成4塊，用食物料理機攪打。糖及葡萄糖漿一起煮至180℃，形成焦糖。將液狀鮮奶油和打碎的草莓一起加熱至65℃，倒入焦糖中，加熱至109℃以濃縮湯汁。混入切塊奶油，接著倒入小杯中。

完成

將每顆冷卻的泡芙橫剖切半。將泡芙擺在烤盤上，接著冷凍10分鐘。製作20顆草莓雪酪小球和20顆開心果冰淇淋小球。

依顏色搭配將草莓雪酪小球和開心果冰淇淋小球擺在泡芙底部，蓋上泡芙頂層。將2顆草莓雪酪泡芙和2顆開心果冰淇淋泡芙，擺在個人餐盤上，用草莓焦糖在周圍畫線。用幾顆切塊的草莓和切碎的開心果裝飾。搭配剩餘的草莓焦糖上桌。

Pistaches 開心果

好的開心果首先必須具備天然漂亮的顏色，不能染色。我使用的開心果來自伊朗或義大利卡塔尼亞省（Catane）的勃朗特（Bronte）。後者具有較濃烈的烘烤味，不需烘焙便可直接使用。如同所有的堅果，須注意的是開心果不能發出油臭味，而且在搭配其他食材使用時，必須計算油脂的攝取量。但和榛果不同的是，開心果不能以超過140℃的溫度烘焙，否則可能會變成褐色而且走味。我喜愛用紅色莓果或果樹水果（fruits du verger）來搭配開心果，以形成味道和顏色的對比。

BABA
AU RHUM
蘭姆芭芭

| Arnaud Lahrer
阿諾‧拉赫 | 12個
個人蘭姆芭芭 | 前一天開始準備
準備：前一天40分鐘，當天20分鐘
加熱：前一天約30分鐘，當天2分鐘
冷藏時間：12小時
靜置時間（麵團）：30分鐘 |

芭芭糖漿 Le sirop à baba 礦泉水500克 ◆ 細砂糖25克 ◆ 香草莢1根 ◆ 未經加工處理的黃檸檬皮1顆（5克）◆ 未經加工處理的柳橙皮1顆（12克）◆ 陳年深色蘭姆酒（vieux rhum brun agricole）50克 **芭芭麵糊 La pâte à baba** 麵包酵母（levure de boulanger）21克 ◆ 蛋74克＋蛋25克 ◆ 麵粉124克 ◆ 細砂糖21克 ◆ 奶油73克 ◆ 鹽之花2克 **香草鮮奶油香醍 La Chantilly vanille** 脂肪含量35%的液狀鮮奶油250克 ◆ 糖粉20克 ◆ 香草粉2克 **杏桃鏡面果膠 Le nappage abricot** 杏桃果醬

芭芭糖漿

前一天，將礦泉水和糖倒入平底深鍋中，加入剖半刮出籽的香草莢、黃檸檬皮和柳橙皮，煮沸。在糖漿達70℃時，倒入陳年深色蘭姆酒。冷藏保存至隔天。

芭芭麵糊

在裝有球狀攪拌棒的電動攪拌機鋼盆中，放入弄碎的新鮮酵母、第一次秤重的蛋和麵粉。以高速攪拌5分鐘，接著以中速混入第二次秤重的蛋。攪拌至麵糊不沾黏攪拌缸邊緣，接著混入糖。用布將攪拌缸蓋起，讓麵糊靜置30分鐘。麵糊這時的體積應膨脹一倍。

以小火將奶油加熱至融化。將融化奶油和鹽之花加入麵糊中，一邊以高速攪打，直到奶油混入麵糊中，接著以中速攪打至麵糊均勻。

將麵糊倒入無擠花嘴的擠花袋，接著將麵糊分裝至矽膠迷你芭芭模內，或是您選擇的模型中，每個45克。將麵糊置於約23℃的室溫下，讓體積膨脹為一倍。

將旋風烤箱預熱至170℃（溫控器5-6）。入烤箱烤20分鐘。將模型從烤箱中取出，接著將芭芭脫模在鋪有烤盤紙的烤盤上。放入烤箱再烤約5分鐘。將芭芭置於網架上，在室溫下晾乾至隔天。

芭芭浸泡液

當天，在平底深鍋上方過濾芭芭糖漿。加熱，接著離火，將芭芭整個浸入熱糖漿內，取出擺在置於烤盤的網架上瀝乾。

香草鮮奶油香醍

在裝有球狀攪拌棒的電動攪拌機鋼盆中，倒入液狀鮮奶油、糖粉和香草粉，以中速攪打至形成鮮奶油香醍。

杏桃鏡面果膠

以小火加熱杏桃果醬，以網篩過濾。為每塊芭芭淋上陳年深色蘭姆酒，用糕點刷刷上一層杏桃果醬。擠上香草鮮奶油香醍，接著品嚐。

Crème 鮮奶油

鮮奶油依脂肪含量、保存和質地而有所不同。要製作1公升的鮮奶油約需10公升的牛乳，脂肪含量3至5%的牛乳會收集用於製作鮮奶油。這道蘭姆芭芭的所有食材都經過精心挑選，例如諾曼第（Normandie）的鮮奶油，更確切地說是蒙特布爾（Montebourg），穩定性佳、美味且非常滑順。在芭芭的食譜中，我們將蒙特布爾的鮮奶油打發成鮮奶油香醍來使用。

CRÈME CATALANE
AU FOUR
加泰隆尼亞烤布蕾

◆ ◆ ◆

Jordi Tugues　　　　　10人份　　　　準備：20分鐘
喬帝・杜克　　　　　　　　　　　　　加熱：48分鐘

烤布蕾 La crème 液狀鮮奶油375克 ◆ 全脂牛乳375克 ◆ 肉桂棒（bâtons de cannelle）2克 ◆ 未經加工處理的檸檬皮3.5克（1顆）◆ 蛋黃90克 ◆ 蛋60克 ◆ 細砂糖112克 **完成 La finition** 細砂糖

烤布蕾

將液狀鮮奶油、全脂牛乳、肉桂棒和檸檬皮煮沸。在碗中攪打蛋黃、蛋和糖，直到混料泛白。用網篩過濾牛乳，接著倒入蛋和糖的備料中，一邊快速攪打。
將旋風烤箱預熱至120℃（溫控器4）。
在焗烤盤中倒入熱水至一半的高度。將鮮奶油和蛋的混合液分裝至容量150克的迷你烤皿中。
擺入焗烤盤中以隔水加熱的方式，入烤箱烤45分鐘。
出爐後，將加泰隆尼亞烤布蕾放涼。

完成

為烤布蕾撒上薄薄一層糖，以熱的烙鐵或噴槍烤成焦糖，接著品嚐。

MONT-BLANC
MARRON-CASSIS
栗子黑醋栗蒙布朗

Damien Moutarlier
達米安・蒙達利耶

10個迷你蒙布朗

準備：45分鐘
加熱：1小時15分鐘

法式蛋白霜 La meringue française 蛋白105克 ◆ 細砂糖105克 ＋ 細砂糖105克 **糖煮黑醋栗桑葚 La compotée cassis-mûres** 黑醋栗泥100克 ◆ 桑葚泥50克 ◆ 水9克 ◆ 細砂糖12.5克 ◆ NH果膠2.5克 ◆ 吉力丁粉1.75克 **栗子奶油醬 La crème aux marrons** 栗子泥200克 ◆ 栗子醬（pâte de marrons）200克 ◆ 栗子奶油餡（crème de marrons）67克 ◆ 奶油26克 ◆ 深色蘭姆酒7克 **馬斯卡邦香草鮮奶油香醍 La Chantilly mascarpone-vanille** 脂肪含量35%的液狀鮮奶油125克 ◆ 馬斯卡邦乳酪12.5克 ◆ 香草莢1/2根

法式蛋白霜

將旋風烤箱預熱至100℃（溫控器3-4）。開始用電動攪拌機將蛋白和第一次秤重的糖打成泡沫狀蛋白霜，接著用橡皮刮刀混入第二次秤重的糖，將蛋白霜倒入裝有15號平口擠花嘴的擠花袋。在鋪有烤盤紙的烤盤上擠出10顆直徑約7公分的蛋白霜球。入烤箱烤10分鐘，接著將烤箱溫度調低至90℃（溫控器3）。續烤約1小時。

糖煮黑醋栗桑葚

將黑醋栗泥、桑葚泥和水加熱至40℃，混入糖和NH果膠，煮沸。離火後混入吉力丁粉，混合。放涼。

栗子奶油醬

在電動攪拌機的攪拌缸中攪打栗子泥、栗子醬、栗子奶油餡、奶油和蘭姆酒，攪打至均勻。

馬斯卡邦香草鮮奶油香醍

將香草莢剖半，將籽刮入液狀鮮奶油中，將含香草籽的液狀鮮奶油和馬斯卡邦乳酪打發成鮮奶油香醍。

完成

在每顆蛋白霜球的中央輕輕壓出凹槽來，將糖煮黑醋栗桑葚倒入無擠花嘴的擠花袋，擠在蛋白霜球中央。將栗子奶油醬倒入裝有15號星形擠花嘴的擠花袋，在每顆蛋白霜球上製作一個大圓花飾。

將馬斯卡邦香草鮮奶油香醍倒入裝有15號星形擠花嘴的擠花袋。在栗子奶油醬圓花飾上擠出一個小的鮮奶油香醍圓花飾，頂部再擠上栗子奶油餡。冷藏保存至品嚐的時刻。

SOUS-BOIS
林間塔

Luc Guillet	25個三角小塔	準備：1小時20分鐘
盧克·吉列		加熱：約45分鐘
		冷凍：約2小時
		冷藏時間：5小時

甜酥麵團 La pâte sucrée 室溫回軟的奶油120克＋模型用奶油 ◆ 細鹽2克 ◆ 糖粉90克 ◆ 杏仁粉30克 ◆ 蛋50克 ◆ 麵粉60克＋麵粉175克 **巧克力指形蛋糕體 Le biscuit cuillère au chocolat** 蛋白120克 ◆ 細砂糖75克 ◆ 馬鈴薯澱粉45克 ◆ 無糖可可粉20克 ◆ 麵粉20克 ◆ 蛋黃70克 **咖啡奶油醬 La crème café** 可可脂含量35%的白巧克力400克 ◆ 義式濃縮咖啡200克 ◆ 液狀鮮奶油520克 **咖啡奶油醬樹皮糖衣 L'enrobage des tronçons à la crème café** 杏仁膏（pâte d'amandes）150克 ◆ 無糖可可粉 **咖啡潘趣糖漿 Le punch café** 義式濃縮咖啡150克 ◆ 細砂糖50克 **咖啡核桃奴軋汀 La nougatine café et noix** 核桃仁175克 ◆ 細砂糖150克 ◆ 果膠2克 ◆ 葡萄糖漿50克 ◆ 水10克 ◆ 奶油125克 **魯瓦昂核桃焦糖 Le caramel aux noix du Royans** 核桃仁175克 ◆ 細砂糖150克 ◆ 果膠2克 ◆ 葡萄糖漿50克 ◆ 奶油125克 ◆ 水10克 **完成 La finition** 咖啡豆 ◆ 核桃仁 ◆ 食用金箔

甜酥麵團

在裝有攪拌槳的電動攪拌機鋼盆中，混合室溫回軟的奶油、細鹽、糖粉、杏仁粉、蛋和第一次秤重的麵粉。在備料均勻時，混入第二次秤重的麵粉。將麵團冷藏靜置至少1小時。

將旋風烤箱預熱至160℃（溫控器5-6）。為25個11×9.5×2公分的三角形小塔模刷上奶油。在撒有麵粉的工作檯上，將麵團擀至3公釐厚，將麵皮套入三角形小塔圈中，擺在鋪有烤盤紙的烤盤上，入烤箱烤12分鐘。將迷你塔分置於2個網架上放涼，接著脫模。

巧克力指形蛋糕體

將旋風烤箱預熱至200℃（溫控器6-7）。在蛋白中緩緩倒入細砂糖，攪打成泡沫狀蛋白霜。將馬鈴薯澱粉、可可粉和麵粉過篩。將蛋黃輕輕混入打發蛋白霜中，接著是預先過篩的粉類。在鋪有烤盤紙的烤盤上，將麵團鋪平至長40公分，且寬30公分的長方形。入烤箱烤6至7分鐘。將蛋糕體置於網架上放涼。裁成25個大小略小於塔模的三角形。

咖啡奶油醬

用鋸齒刀將巧克力切碎，放入攪拌盆中。分3次將滾燙的濃縮咖啡倒入切碎的巧克力中，一邊從中央向外以繞圈方式攪拌，接著混入冷的液狀鮮奶油。將保鮮膜緊貼在咖啡奶油醬表面。冷藏保存約4小時。

將咖啡奶油醬攪打至形成濃稠滑順的質地，將3/4的咖啡奶油醬倒入裝有16號平口擠花嘴的擠花袋，接著在烤盤紙上全部擠成直徑16公釐的長條狀。冷凍2小時。將剩餘的1/4咖啡奶油醬冷藏保存。

咖啡奶油醬樹皮糖衣

將冷凍的條狀咖啡奶油醬從冷凍庫中取出，接著切成約高5公分的25段，和約高4公分的50段。

將杏仁膏擀至極薄，接著捲在每一小段的咖啡奶油醬上。在烤盤紙上撒上過篩的可可粉。

為每小段的咖啡奶油醬輕輕裹上可可粉，用糕點刷刷去多餘的可可粉。將小段的咖啡奶油醬冷凍保存，裝盤前1小時再從冰箱中取出。

咖啡潘趣糖漿

將熱的義式濃縮咖啡和糖混合。

咖啡核桃奴軋汀

將旋風烤箱預熱至190℃（溫控器6-7）。將核桃仁切成小塊。將糖、果膠、葡萄糖漿、奶油和水煮至形成均勻的混料。混入切碎的核桃仁和咖啡粉，接著倒在鋪在烤盤的烤盤墊上，入烤箱烤約10分鐘。出爐後，等30秒再將咖啡核桃奴軋汀切成高12公分，且底邊長5公分的直角三角形。

魯瓦昂核桃焦糖

將核桃仁約略切碎。加熱液狀鮮奶油。將葡萄糖漿和細砂糖煮至170℃的溫度，形成焦糖，離火後混入切塊奶油，分3次倒入熱的鮮奶油，接著再將焦糖煮至113℃的溫度。混入切碎的核桃仁。

完成

將魯瓦昂核桃焦糖鋪至迷你塔底，至略少於1公分的厚度。擺上三角形的巧克力指形蛋糕體，用糕點刷刷上咖啡潘趣糖漿，鋪上咖啡奶油醬至與邊緣齊平，用抹刀抹平。將迷你塔分裝至擺有三角形咖啡核桃奴軋汀、2段4公分、1段5公分咖啡奶油卷的個人餐盤中。依個人靈感以核桃仁、咖啡豆和食用金箔進行裝飾。

TENTATION
CARAMEL
焦糖誘惑

Pascal Lac 巴斯卡‧拉克	6 人份	前一天開始準備 準備：前一天15分鐘，當天40分鐘 加熱：前一天約8分鐘，當天約35分鐘 冷藏時間：3×12小時＋2小時

原味酥粒 Le crumble nature 奶油60克 ◆ 細砂糖60克 ◆ 杏仁粉60克 ◆ 麵粉45克 **牛奶巧克力鮮奶油香醍 La Chantilly chocolat au lait** 可可脂含量40%的吉瓦納（Jivara）巧克力250克 ◆ 液狀鮮奶油360克 **軟焦糖 Le caramel tendre** 液狀鮮奶油180克 ◆ 細砂糖30克 ◆ 葡萄糖60克 **巧克力慕斯 La mousse chocolat** 細砂糖75克＋水35克 ◆ 蛋黃100克 ◆ 可可脂含量64%的純濃（extra-bitter）黑巧克力200克 ◆ 液狀鮮奶油120克＋液狀鮮奶油120克 **完成 La finition** 牛奶巧克力碎片

原味酥粒

前一天，在攪拌盆中用指尖混合切塊奶油、糖、杏仁粉和麵粉，成為砂礫狀。冷藏保存至隔天。

牛奶巧克力鮮奶油香醍

將鋸齒刀切碎的巧克力放入攪拌盆中，液狀鮮奶油煮沸，倒入巧克力，用手持式電動攪拌棒攪打。冷藏保存至隔天，讓鮮奶油與巧克力結合。

軟焦糖

將液狀鮮奶油加熱。將糖和葡萄糖煮至170℃的溫度，製作焦糖，接著倒入熱的液狀鮮奶油，將軟焦糖倒入攪拌盆中。冷藏保存至隔天。

當天，將原味酥粒弄碎成砂礫狀。將旋風烤箱預熱至150℃（溫控器5）。

將原味酥粒攤平在鋪有烤盤紙的烤盤上，入烤箱烤15至20分鐘。應烤成均勻的棕色。

巧克力慕斯

將糖和水加熱至120℃的溫度，形成糖漿。將蛋黃放入攪拌盆中，接著以細流狀倒入120℃的糖漿，一邊快速攪拌。再將備料倒回平底深鍋中，煮至70℃的溫度，一邊以電動攪拌機以慢速攪拌，將備料打發至形成發泡的沙巴雍（sabayon）。

用鋸齒刀將巧克力切碎，放入攪拌盆中。將第一次秤重的鮮奶油煮沸，接著分3次淋在巧克力上，一邊從中

央開始向外以繞圈動作攪拌成為甘那許。將第二次秤
重的鮮奶油攪打成不要太硬的打發鮮奶油。在上述甘
那許達50℃時，混入打發鮮奶油，接著是室溫的沙巴
雍。將混合物倒入擠花袋，接著分裝至6個容量150
毫升的玻璃杯中。冷藏保存2小時。

牛奶巧克力鮮奶油香醍（接續）

用電動攪拌機將前一天製作的牛奶巧克力鮮奶油打
發成鮮奶油香醍，倒入裝有香醍擠花嘴（douille à
Chantilly）的擠花袋中。

完成

將軟焦糖倒入無擠花嘴的擠花袋中，接著擠在巧克力
慕斯上，在表面撒上原味酥粒。在每個玻璃杯中擠上
波浪狀的牛奶巧克力鮮奶油香醍。可依個人靈感用牛
奶巧克力碎片為每個玻璃杯裝飾。將玻璃杯冷藏保存
至品嚐的時刻。

RELIGIEUSE
AU CAFÉ
咖啡修女泡芙

Christophe Roussel
克里斯多夫‧盧塞爾

6至8個修女泡芙

準備：1小時
加熱：45分鐘
冷藏時間：3小時（浸泡）
冷凍：4小時

咖啡鮮奶油 La crème café 伊芙兒巧克力（或白巧克力）325克 ◆ 液狀鮮奶油225克＋葡萄糖50克 ◆ 冰涼的液狀鮮奶油600克 ◆ 濃烈的咖啡精萃（extrait de café fort）18克 **可可脆皮 Le craquelin au cacao** 麵粉40克 ◆ 無糖可可粉12克 ◆ 紅糖50克 ◆ 室溫回軟的奶油50克 **巧克力泡芙麵糊 La pâte à choux chocolat** 麵粉150克 ◆ 無糖可可粉15克 ◆ 可可脂含量67%的特苦（extra-amer）巧克力22克 ◆ 牛乳250克 ◆ 奶油125克 ◆ 細鹽5克 ◆ 細砂糖8克 ◆ 全蛋320克 **鏤空杜絲巧克力圓片 Les disques ajourés au chocolat Dulcey** 杜絲巧克力200克 **完成 La finition** 塔用無色無味鏡面果膠 ◆ 長竹籤6至8根 ◆ 食用銀箔

咖啡鮮奶油

用鋸齒刀將伊芙兒巧克力切碎，放入攪拌盆。加熱液狀鮮奶油和葡萄糖，接著分3次倒入切碎的巧克力中，一邊從中央開始朝外以繞圈的方式攪拌。混入冰涼的液狀鮮奶油和咖啡精萃，接著冷藏浸泡3小時。

可可脆皮

將麵粉和可可粉過篩至攪拌盆中，混入紅糖和軟化的膏狀奶油，拌勻。將麵團夾在2張烤盤紙之間，擀薄。冷凍2小時。

巧克力泡芙麵糊

在烤盤紙上將麵粉和可可粉過篩。用鋸齒刀將特苦巧克力切碎。將牛乳、奶油、細鹽、糖和切碎的巧克力加熱。煮沸時，將平底深鍋離火，接著一次倒入麵粉和可可粉的混料，再以大火加熱平底深鍋，快速攪拌20秒。將平底深鍋離火，混入蛋，一次一顆，每加入一顆蛋便快速攪打。將巧克力泡芙麵糊倒入裝有10號平口擠花嘴的擠花袋。在第一個鋪有烤盤紙的烤盤上擠出6到8個直徑6公分的大泡芙，並在第二個鋪有烤盤紙的烤盤上擠出6到8個直徑4.5公分的小泡芙。將旋風烤箱預熱至150℃（溫控器5）。從冷凍巧克力脆皮中切出6到8個直徑6公分的圓餅，和6到8個直徑4.5公分的圓餅。將冷凍巧克力脆皮圓餅擺在每顆泡芙上。將所有的小泡芙放入烤箱，烤24分鐘，大泡芙烤35分鐘。出爐後，置於網架上放涼。

鏤空杜絲巧克力圓片

為杜絲巧克力調溫（見310頁）。用刮刀將調溫巧克力鋪在2張塑膠片之間，立刻裁成6至8個直徑5公分的圓餅，接著用直徑3公分的壓模，將每塊巧克力圓餅的中央挖空。冷藏至巧克力圓餅凝固。

咖啡半球

將浸泡的咖啡鮮奶油攪打至形成鳥嘴狀的打發鮮奶油，倒入裝有8號平口擠花嘴的擠花袋，接著第一步先將咖啡鮮奶油分裝至6至8個直徑3公分的半球形矽膠多連模的孔洞中，冷凍2小時。將擠花袋內的咖啡鮮奶油冷藏保存。

完成

將裝在半球形多連模中的咖啡鮮奶油脫模，放在置於烤盤的網架上。

刷上無色無味的鏡面果膠。

接著第二步將擠花嘴插入每顆泡芙底部，擠入咖啡鮮奶油。

將有咖啡鮮奶油內餡的大泡芙分裝至個人餐盤中，在上面擺上鏤空的杜絲巧克力圓片。

第三步，在鏤空的杜絲巧克力圓片周圍，擠上一圈的咖啡鮮奶油。將小泡芙倒扣，接著將鼓起面擺在大泡芙上，周圍是一圈咖啡鮮奶油。

最後將半球形的咖啡鮮奶油擺在小泡芙上來完成修女泡芙。小心地將長竹籤插入每個修女泡芙中，用一點食用銀箔來裝飾並品嚐。

Café 咖啡

咖啡始終令我著迷，購買了巴西的有機公平貿易咖啡，我喜愛它相當濃烈的味道、清新的香氣和口中的餘味。這也是推廣巴西的機會，我們的可可豆同樣也來自這個國家。我喜歡使用這種咖啡是因為它的烘焙方式和碳燒的香氣，和鮮奶油是巧妙的搭配，可用來製作例如修女泡芙，但也能用來搭配帕林內、小豆蔻（cardamome）…我們也會用於浸泡或製作咖啡精萃。

YAOURT
NORMAND
諾曼優格

| Alban Guilmet
阿爾邦・吉梅 | 約15罐優格 | 準備：1小時
加熱：約45分鐘
冷藏時間：2小時 |

鹹奶油焦糖 Le caramel au beurre salé 細砂糖80克 ◆ 水30克 ◆ 葡萄糖55克 ◆ 半鹽奶油15克 ◆ 液狀鮮奶油80克
焦糖米布丁 Le riz au lait caramélisé 圓米（義式燉飯用米）75克 ◆ 全脂牛乳600克 ◆ 細砂糖25克 ◆ 馬達加斯加香草莢1根 ◆ 蛋黃25克 ◆ 奶油15克 ◆ 液狀鮮奶油75克 ◆ 給宏德鹽之花1撮 **香煎蘋果 Les pommes poêlées** 史密斯奶奶（granny-smith）青蘋果350克（約3顆蘋果）◆ 奶油70克 ◆ 細砂糖35克 **香草鮮奶油香醍 La Chantilly vanille** 馬達加斯加香草莢1根 ◆ 脂肪含量35%非常冰涼的液狀鮮奶油250克 ◆ 糖粉45克

鹹奶油焦糖

製作焦糖，在小型平底深鍋中將糖、水和葡萄糖煮至形成淺紅棕色的焦糖。注意不要煮至顏色過深，以免導致苦澀味。將平底深鍋離火，加入半鹽奶油以中止焦糖的烹煮，接著是液狀鮮奶油。保存在室溫。

焦糖米布丁

將水煮沸，一次倒入米，煮2分鐘，將米瀝乾。將牛乳、糖和剖半刮出籽的香草莢煮沸，將米加入香草牛乳中，以極小的火煮20至25分鐘。混入全部的鹹奶油焦糖、蛋黃、奶油和鹽之花，再度煮至小滾，接著將平底深鍋離火。冷藏放涼2小時。
在焦糖米布丁冷卻時，將液狀鮮奶油攪打成打發鮮奶油，輕輕混入焦糖米布丁中。攪拌後將焦糖米布丁分裝至15個玻璃優格罐中至1/3的高度，每個約50克。

香煎蘋果

將蘋果削皮，切半。挖去果核並去掉皮膜（硬皮部分）。將蘋果切成邊長約1公分的丁，以小火將奶油和糖加熱至融化。加入蘋果丁，煮約10分鐘，直到蘋果微微上色。在烹煮的最後，將火力加大，把蘋果外層微微煎出焦糖。放涼。

香草鮮奶油香醍

將香草莢剖半刮出籽，將液狀鮮奶油和香草籽一起攪打，一邊慢慢地混入過篩的糖粉，成為鮮奶油香醍。

完成

將香草鮮奶油香醍鋪在焦糖米布丁上，最後擺上香煎蘋果。依個人的靈感，可在優格罐上蓋上透明紙（papier cristal），並用橡皮筋或繩子固定。請搭配瑪德蓮或焦糖千層酥條享用。

酥脆的迷你糕點

Craquantes

LES MIGNARDISES

GRIOTTES
BISONTINES
貝松廷櫻桃巧克力

| Joël Baud | 約185顆 | 提前6個月開始進行（浸漬酸櫻桃）， |
| 喬埃・波 | 貝松廷櫻桃巧克力 | 並在品嚐前4至5天製作 |

提前6個月開始進行（浸漬酸櫻桃），
並在品嚐前4至5天製作
準備：前6個月20分鐘，前一天2分鐘，
當天1小時30分鐘
加熱：當天約12分鐘
浸漬時間：6個月

酸櫻桃 Les griottes 當季的蒙默倫西（Montmorency）品種酸櫻桃（或法國佛日省Vosges的聖盧西黑櫻桃sainte-lucie noire）1公斤 ◆ 櫻桃酒1公升 **翻糖 Le fondant** 翻糖膏（fondant confiseur）（向您當地的烘焙材料行購買）1公斤 ◆ 櫻桃酒50克 **巧克力糖衣 L'enrobage chocolat** 可可脂含量64%的黑巧克力1公斤 **完成 La finition** 可可脂含量64%的黑巧克力磚1片

酸櫻桃

提前6個月仔細清洗酸櫻桃並晾乾，保留梗。以櫻桃酒浸漬6個月。

前一天，用置於攪拌盆上的網篩瀝乾。

翻糖

當天，在玻璃碗中放入微波加熱至45℃至50℃的翻糖膏，慢慢混入櫻桃酒。將碗隔水加熱，讓翻糖維持在45℃至50℃之間的溫度。手拿酸櫻桃的梗，將酸櫻桃浸入翻糖中，並小心地浸到梗底部的一小部分，一一擺在烤盤紙上。放涼。

巧克力糖衣和完成

為黑巧克力調溫（細節請參考310頁）。在這段時間，在烤盤紙上用刨刀將巧克力磚刨碎，接著將小塊巧克力弄成極薄的碎屑。將酸櫻桃一一浸入調溫巧克力，小心地讓櫻桃完全沒入巧克力中，浸至果梗約3公釐處。將每顆浸入巧克力的酸櫻桃擺在巧克力小碎屑層上。以密封罐保存在不超過20℃的室溫下。

很重要的是請等候4至5日再行品嚐，這是酸櫻桃浸漬在櫻桃酒和酒漬翻糖中產生滲透的所需時間。

SUCETTES
À CROQUER
脆皮巧克力棒棒糖

Xavier Berger
札維耶‧貝杰

50根棒棒糖

準備：1小時
加熱：約20分鐘

越南甘那許 La ganache Vietnam 可可脂含量80%的越南頂級產地黑巧克力（chocolat noir grand cru du Vietnam）360克 ◆ 液狀鮮奶油300克 ◆ 百花蜜35克 ◆ 葡萄糖30克 ◆ 室溫回軟的奶油10克 **覆盆子軟糖 La pâte de fruits framboise** 覆盆子果肉200克 ◆ 細砂糖21克＋NH果膠7克 ◆ 細砂糖160克＋葡萄糖50克 ◆ 百花蜜12克 **越南巧克力圓片 Les disques de chocolat Vietnam** 可可脂含量80%的越南頂級產地黑巧克力400克 **完成 La finition** 脆球（perle craquante）約400顆 ◆ 棒棒糖用棍50根

越南甘那許

用鋸齒刀將巧克力切碎，放入攪拌盆隔水加熱至45℃，讓巧克力融化。將液狀鮮奶油和蜂蜜加熱至30℃，接著倒入45℃的融化巧克力。加入葡萄糖，以手持式電動攪拌棒攪打。混入軟化的膏狀奶油，接著再度以手持式電動攪拌棒攪打。將保鮮膜緊貼在甘那許表面。在室溫下凝固。

覆盆子軟糖

將覆盆子果肉加熱，加入第一次秤重的糖和果膠。煮沸後混入第二次秤重的糖、葡萄糖和蜂蜜，煮至105℃的溫度。將備料倒入高3公釐且邊長30公分的方形糕點框。讓水果軟糖在室溫下凝固，接著切成50個直徑3公分的圓餅。

越南巧克力圓片

為黑巧克力調溫（見310頁）。倒在大理石板或塑膠片（Rhodoïd）上，接著鋪至2公釐的厚度，讓巧克力凝固，接著裁成100個直徑5公分的圓餅。

完成

用少許的調溫巧克力，將第一片越南巧克力圓片黏在棒棒糖棍上。在巧克力圓片的中央擺上1塊覆盆子軟糖圓餅，將越南甘那許倒入裝有6號平口擠花嘴的擠花袋，在覆盆子軟糖圓餅周圍製作甘那許小球。在每顆甘那許球之間擺上1顆脆球，夾上第二片越南巧克力圓片，形成棒棒糖。品嚐。將棒棒糖以密封罐保存在室溫下。

NOUGAT DUR
CORIANDRE
香菜硬牛軋糖

Sébastien Brocard
聖巴斯堤安・波卡

350克的牛軋糖

準備：10分鐘
加熱：約15分鐘

整顆未去皮杏仁165克 ◆ 開心果30克 ◆ 香菜籽（graines de coriandre）1克 ◆ 葡萄糖漿66克 ◆ 細砂糖90克

將旋風烤箱預熱至150℃（溫控器5）。
將杏仁、開心果和香菜籽均勻地攤平在鋪有烤盤紙的烤盤上，入烤箱烤10分鐘。蓋上鋁箔紙保溫。製作焦糖，將葡萄糖漿和糖煮至形成紅褐色的焦糖，立即混入熱的杏仁、開心果和香菜籽中。

倒在烤盤墊上，立刻以刮刀鋪開成1至1.5公分的厚度。
在室溫下放涼，接著將牛軋糖剁成小塊。將牛軋糖保存在密封罐中。

NOUGATINE
VANILLE
香草奴軋汀

Olivier Buisson	10人份	準備：40分鐘
奧利維・布森		加熱：約20分鐘

杏仁片300克 ◆ 香草莢1根 ◆ 水150克 ◆ 葡萄糖漿150克 ◆ 細砂糖500克 ◆ 烤盤和大理石板用油1大匙

將旋風烤箱預熱至160℃（溫控器5-6）。為第一個烤盤刷上少許油。

將杏仁片均勻地攤平在另一個鋪有烤盤紙的烤盤上，入烤箱烤10至12分鐘，一邊翻動，並就近留意烘烤狀況，杏仁片應烤成淡淡的金黃色。將香草莢剖半刮出籽，放入直徑16公分的平底深鍋中，倒入水、葡萄糖漿和細砂糖。煮至175℃，

將平底深鍋離火，混入烤杏仁片，用木匙混合，但勿過度攪拌。

立刻將奴軋汀均勻地倒在上油的烤盤上，置於加熱至130℃（溫控器4-5）的烤箱中保溫。

在大理石板上刷上少量的油。取少量的熱奴軋汀，以塑膠或不鏽鋼的擀麵棍壓平，趁奴軋汀還柔軟時，立即以平刃刀切成您想要的形狀，並依個人靈感塑形。將奴軋汀置於密封罐，保存在室溫下。

◆
Astuce 訣竅

您可用榛果片、切碎的開心果、芝麻、罌粟籽（graines de pavot）、切碎的果仁糖（praline）…來取代部分或全部的杏仁片。

MAYA
CASSIS
黑醋栗瑪雅糖

| Olivier Buisson
奧利維・布森 | 1.1公斤的巧克力糖
（約122顆） | 前一天開始準備
準備：前三天25分鐘，前二天25分鐘
　　　前一天40分鐘，當天40分鐘
加熱：前三天約10分鐘，前一天10分鐘 |

黑醋栗水果軟糖 La pâte de fruits cassis 黑醋栗果肉200克 ◆ 果膠5克＋細砂糖20克 ◆ 細砂糖140克 ◆ 葡萄糖漿50克 ◆ 食用檸檬酸液（solution d'acide citrique）3克 ◆ 糖漬黑醋栗果粒（grains de cassis confits）60克 **蜂蜜甘那許 La ganache miel** 牛奶巧克力155克 ◆ 可可脂含量65%的黑巧克力188克 ◆ 液狀鮮奶油130克 ◆ 栗樹花蜜（miel de chataignier）90克 ◆ 水20克 ◆ 奶油40克 **黑色糖衣和完成 L'enrobage noir et la finition** 可可脂含量65%的黑巧克力1公斤 ◆ 酒精濃度90°的酒25克＋藍色食用亮粉10克 ◆ 酒精濃度90°的酒25克＋金色食用亮粉5克

黑醋栗水果軟糖

提前三天，將長34公分且寬25公分的方形糕點框擺在鋪有烤盤墊的烤盤上。

將黑醋栗果肉加熱至40℃，一邊攪拌。混合果膠和第一次秤重的糖，接著一次倒入加熱至40℃的黑醋栗果肉，一邊攪拌。煮沸，混入第二次秤重的糖和葡萄糖漿，煮至106℃，接著混入檸檬酸液和糖漬黑醋栗果粒。混合後立即倒入方形糕點框中，用尺將表面抹平。將方形糕點框保存在室溫下。

蜂蜜甘那許

一樣提前三天，用鋸齒刀將牛奶巧克力和黑巧克力切成細碎。將切碎的巧克力放入攪拌盆中隔水加熱，只讓3/4的巧克力融化。將液狀鮮奶油、蜂蜜和水煮沸。將煮沸的備料分3次倒入3/4融化的巧克力中，一邊從中央開始朝外以繞圈方式攪拌。在混料達37/38℃時混入切成小塊的奶油，以手持式電動攪拌棒攪打。在混料達32/33℃時，立刻倒在黑醋栗水果軟糖上，用尺將表面抹平。將烤盤冷藏保存至隔天。

提前二天，用浸過熱水的刀劃過方形糕點框內緣，將方形糕點框脫膜。用浸過熱水的刀將糖果切成正方形（或依個人靈感切成其他形狀），每次裁切之間將刀刃擦拭乾淨。將糖果有間隔地擺在鋪有烤盤紙的烤盤上，讓切好的糖果在24℃的室溫下晾乾至隔天。

黑色糖衣和完成

前一天，準備幾張塑膠片（Rhodoïd），以陸續放置裹上巧克力的糖果。

為巧克力進行調溫（見310頁），倒入攪拌盆中。

將第一顆糖放入巧克力中，用三齒巧克力叉將糖從巧克力中取出。從攪拌盆的一側，將叉子緩緩移至自己面前，將糖果再深深地浸入巧克力中，接著將叉子稍微提起2至3次，讓糖果被巧克力所包覆。將叉子朝碗邊輕敲，以去除多餘的巧克力，接著用碗邊刮去底部多餘的巧克力，將糖果擺在塑膠片（Rhodoïd）上。剩下的糖果也以同樣方式進行，但記得要不時將裝著巧克力的碗隔水加熱，讓溫度維持在31/32℃。

在第一個小碗中混合酒精濃度90°的酒和藍色食用亮粉，接著在另一個碗中混合酒精濃度90°的酒和金色食用亮粉。用1塊小海綿輕輕沾取酒和藍色食用亮粉的混料，接著在未凝固的巧克力糖表面輕輕蘸上。酒和金色食用亮粉的混料，以筆刷在巧克力糖表面刷上一條線。

剩下的巧克力糖也以同樣方式處理，同時注意不時要將巧克力的碗隔水加熱，讓溫度維持在31℃/32℃。

讓糖果在16℃的室溫下晾乾24小時。

可在隔天品嚐。

NOUGAT
DE MONTÉLIMAR
蒙特利馬牛軋糖

Éric Escobar 艾瑞克‧埃斯科巴	2.1公斤的牛軋糖	準備：40分鐘 加熱：約20分鐘

牛軋糖 Le nougat 杏仁800克 ◆ 開心果100克 ◆ 水80克 ◆ 細砂糖300克 ◆ 葡萄糖200克 ◆ 薰衣草蜜（miel de lavande）500克 ◆ 蛋白120克 **完成 La finition** 葡萄籽油（huile de pépins de raisin）◆ 糯米紙（feuille azyme）（隨意）

牛軋糖

將旋風烤箱預熱至160℃（溫控器6）。在鋪有烤盤紙的烤盤上鋪上杏仁和開心果，將烤盤放入烤箱，烘焙杏仁和開心果20分鐘，不時翻動。置於半開爐門且熄火的烤箱裡保溫。

將水、糖、葡萄糖和薰衣草蜜煮沸，接著煮至140℃，形成糖漿。在裝有球狀攪拌棒的電動攪拌機鋼盆中，將蛋白打成泡沫狀蛋白霜，同時以細流狀倒入煮沸的糖漿。以高速攪打3至4分鐘，一邊以噴槍加熱保溫電動攪拌機的攪拌缸。接著將速度減慢，取極少量的備料投入極冰涼的水中，以檢測最終質地：不能易斷。在備料達想要的質地時，混入溫熱的杏仁和開心果。

完成

用糕點刷將少許葡萄籽油刷在烤盤（或糯米紙）上，倒入熱的備料至2公分的厚度。將放至微溫的牛軋糖切成小方塊、條狀，或您選擇的形狀。將牛軋糖保存在密封罐內。

Miel 蜂蜜

普羅旺斯的象徵：薰衣草蜜的特色在於其濃稠滑順的質地、精緻細膩的味道、口齒留香，並帶有淡淡水果味。我們的蜂蜜主要來自該地區的養蜂者，為了享有「蒙特利馬」的名稱，牛軋糖必須以薰衣草蜜製成。

MACARONS
HOLLANDAIS BRASILIA
荷蘭巴西利亞馬卡龍

◆　　　　　　　◆　　　　　　　◆

Éric Vergne
艾瑞克・維涅

約72顆荷蘭馬卡龍

提前二天準備
準備：前二天1小時，當天25分鐘
加熱：前二天10分鐘，當天7至8分鐘
冷藏時間：2×12小時

馬卡龍餅殼麵糊 La pâte des coques de macaron　去皮杏仁粉300克 ◆ 細砂糖300克＋細砂糖120克 ◆ 糖粉120克 ◆ 蛋白150克 ◆ 水40克 ◆ 天然橘色食用色素1至2滴（可省略）　**巴西利亞甘那許 La ganache Brasilia**　新鮮生薑（gingembre frais）4克 ◆ 百香果汁75克（約百香果8顆）◆ 芒果丁75克 ◆ 白巧克力150克　**咖啡八角甘那許 La ganache anis coffee**　咖啡豆12克（衣索比亞摩卡 moka d'Éthiopie）◆ 液狀鮮奶油125克 ◆ 八角1顆（étoile de badiane或anis étoilé）◆ 白巧克力180克

馬卡龍餅殼麵糊

提前二天，將杏仁粉、第一次秤重的糖和糖粉過篩至攪拌盆中，混入蛋白。將攪拌盆放入隔水加熱的鍋中，將備料加熱至45℃。

在小型平底深鍋中將第二次秤重的糖和水加熱至122℃，接著倒入備料中。將麵糊平均分裝至2個碗中，在其中一個碗混入食用色素。將2個碗分別隔水加熱，將麵糊維持在45℃的溫度。將一部分無色素的麵糊倒入裝有6號平口擠花嘴的擠花袋，接著將染色的麵糊倒入另一個裝有6號平口擠花嘴的擠花袋。在4個鋪有烤盤紙的烤盤上預留間隔的擠出麵糊小球。在20℃的室溫下晾乾一個晚上。這些小球將攤平至2公釐的厚度，最後形成35公釐的直徑。

巴西利亞甘那許

將薑削皮，接著切丁，浸泡沸水30秒，瀝乾。將百香果切半，將網篩擺在攪拌盆上。在網篩上方刮下百香果的果肉和果汁，收集75克的百香果汁。將芒果削皮並切丁。在食物料理機的攪拌缸中攪打薑丁、百香果汁和芒果丁，將果泥煮沸，接著以細孔網篩過濾。用鋸齒刀將巧克力切碎放入攪拌盆中，將已過濾的加熱果泥分2次倒入巧克力中，一邊從中央開始朝外以繞圈方式攪拌至均勻成為甘那許。將甘那許倒入小焗烤盤中，在甘那許表面緊貼上保鮮膜。冷藏保存一個晚上。

咖啡八角甘那許

將咖啡豆放入塑膠袋，用擀麵棍壓碎。將壓碎的咖啡豆和液狀鮮奶油、八角一起放入平底深鍋，煮沸。將平底深鍋加蓋，浸泡3分鐘，接著用細孔網篩過濾鮮奶油。用鋸齒刀將巧克力切碎，放入攪拌盆。將過濾的浸泡鮮奶油分2次倒入巧克力中，一邊從中央開始朝外以繞圈方式攪拌至均勻成為甘那許。將甘那許倒入小型焗烤盤中，在甘那許表面緊貼上保鮮膜。冷藏保存一個晚上。

完成

當天，用濕潤的水果刀刀尖將每個餅殼從中央劃開一刀，每次操作之間請記得擦拭刀子。

將旋風烤箱預熱至170℃（溫控器5-6），入烤箱烤7至8分鐘。

出爐後，將馬卡龍餅殼從烤盤紙上剝離。將無色和有色的馬卡龍餅殼分成4份，接著擺在4張烤盤紙上，放涼。將巴西利亞甘那許倒入無擠花嘴的擠花袋，而咖啡八角甘那許則倒入另一個無擠花嘴的擠花袋。

為1/4染色的馬卡龍餅殼擠上巴西利亞甘那許，接著蓋上一片染色的馬卡龍餅殼。將另外1/4無色的馬卡龍餅殼擠上咖啡八角甘那許，接著蓋上一片無色的馬卡龍餅殼。將馬卡龍保存在溫度4℃的密封罐中。荷蘭馬卡龍嚐起來口味溫和。

Amandes 杏仁

為了製作十幾種口味變化的荷蘭馬卡龍，我精挑細選了西班牙瓦倫西亞（Valencia）的杏仁。這種杏仁特別美味，而且含有完美平衡的杏仁油。多虧有瑞士極為古老的三滾筒研磨機，進行極其細緻的自動研磨，造就了我們歐洲活文化遺產企業的商標。今日這些馬卡龍成了我們的招牌商品。

CROQUANTS
AUX AMANDES
杏仁酥餅

Michel Belin 米歇爾・貝林	60片酥餅	準備：15分鐘 加熱：12至15分鐘

杏仁酥餅麵團 La pâte des croquants aux amandes　整顆杏仁200克 ◆ 細砂糖500克 ◆ 麵粉125克 ◆ 蛋白125克

將旋風烤箱預熱至220℃（溫控器7-8）。將杏仁切碎。混合糖、碎杏仁和麵粉。混入蛋白。

用小湯匙舀取麵糊，接著在3至4個鋪有烤盤紙的烤盤上製作直徑約8公分的麵糊小堆，而且務必要間隔開來。

將2個烤盤放入烤箱，烤12至15分，剩餘的麵糊也以同樣方式進行。烘烤結束時，杏仁酥餅應烤成漂亮的金黃色，放涼後品嚐。可以密封罐保存。

MÉLOCHOC
美祿巧克糖

Jean-Philippe Darcis 尚菲利浦・達西	20顆糖	前一天開始準備 準備：前一天10分鐘，當天30分鐘 加熱：當天約25分鐘 乾燥時間：約1小時30分鐘 冷藏時間：12小時

餅乾 Le biscuit 室溫回軟的奶油60克 ◆ 糖粉40克 ◆ 蜂蜜3克 ◆ 蛋50克 ◆ 麵粉120克 ◆ 細鹽1克 **棉花糖 La guimauve** 吉力丁粉10克＋水50克 ◆ 細砂糖150克 ◆ 葡萄糖30克 ◆ 蛋白60克 ◆ 香草莢2根 **巧克力糖衣 L'enrobage chocolat** 可可脂含量60%的黑巧克力300克

餅乾

前一天，用指尖混合軟化的膏狀奶油、糖粉和蜂蜜。加入細鹽，接著是蛋。加入麵粉將麵團揉成球狀，用保鮮膜包起，冷藏保存至隔天。當天，將旋風烤箱預熱至180℃（溫控器6）。

在撒有麵粉的工作檯上將餅乾麵團擀至0.5公釐的厚度，用叉子在上面戳洞。以直徑4公分的壓模將麵團裁成20塊圓餅，擺在鋪有烤盤紙的烤盤上。入烤箱烤約12分鐘，將圓餅置於2個網架上放涼。

棉花糖

用水將吉力丁粉泡開。將糖、葡萄糖、和剖半刮出籽的香草莢放入平底深鍋中。以小火煮至110℃，形成糖漿。一達到這個溫度，同時將蛋白打成泡沫狀蛋白霜。

當糖漿溫度達118℃時，將平底深鍋離火，混入泡開的吉力丁，接著將糖漿以細流狀倒入泡沫狀蛋白霜中，一邊攪打並將混合物降溫至30℃，接著倒入裝有10號平口擠花嘴的擠花袋，在每個餅乾圓餅上擠出1顆棉花糖球，在室溫下凝固1小時。

巧克力糖衣

為巧克力調溫（見310頁）。將裝有巧克力的碗以隔水加熱，維持在31℃的溫度，不時攪拌，因為巧克力會從邊緣開始凝固。用叉子將餅乾一一叉起，接著整個浸入調溫巧克力中。取出並用叉子刮過碗的邊緣，去除底部多餘的巧克力，接著擺在置於烤盤的網架上，在室溫下凝固約30分鐘。品嚐或以密封罐保存在陰涼處，可保存2星期。

CARAMELS
AU BEURRE SALÉ
EN PAPILLOTE
紙包鹹奶油焦糖

Pierre-Yves Henaff
皮耶依夫・海納夫

約242顆焦糖

準備：45分鐘
加熱：約25分鐘

奶油170克 ◆ 香草莢2根 ◆ 細鹽10克 ◆ 液狀鮮奶油850克 ◆ 細砂糖635克 ◆ 水130克 ◆ 葡萄糖510克 ◆ 透明紙片（糖果用包裝紙）

在小型平底深鍋中將切塊的奶油加熱至125℃，形成榛果奶油（beurre noisette）。將榛果奶油倒入高邊小烤盤，放涼，讓榛果奶油凝固，接著放入攪拌盆。

將香草莢剖半，接著取出籽，和細鹽一起混入凝固的榛果奶油。用手持式電動攪拌棒攪打均勻。保存在室溫下。

將液狀鮮奶油加熱。如果可以的話，請將糖倒入銅製有柄平底深鍋（poêlon en cuivre）中，倒入水煮沸，接著加入葡萄糖。煮至185℃的溫度，形成焦糖。倒入熱的液狀鮮奶油以中止烹煮。將混有香草的榛果奶油加入，再度煮至116℃的溫度。

在矽膠墊上擺一個邊長34公分，且高1公分的方形糕點框。將上述鹹奶油焦糖均勻地倒入方形糕點框中，在室溫下放涼，接著將方形糕點框移除。用鋒利的長刀切成寬3公分的條狀，再將每條切成1.5公分的小塊。當天用透明紙（糖果用包裝紙）將每塊鹹奶油焦糖包起，以免受潮。以密封罐保存在乾燥處。

SAKUSKINAS
麻花甜甜圈

Miguel Moreno	25個麻花甜甜圈	準備：40分鐘
米蓋爾・莫雷諾		加熱：2分鐘

麵糊 La pâte 奶油40克 ◆ 牛乳100克 ◆ 細鹽1克 ◆ 麵粉60克 ◆ 蛋100克 ◆ 橄欖油 **完成 La finition** 糖粉450克 ◆ 水100克

麵糊

將奶油、牛乳和細鹽煮沸。倒入麵粉，攪拌至麵糊不沾黏，加熱2至3分鐘。離火，混入蛋，一次一顆。將麵糊倒入裝有10號星形擠花嘴的擠花袋。準備25張邊長約7公分的正方形烤盤紙，為烤盤紙刷上薄薄一層橄欖油。在每張紙上擠出一個直徑5公分的圓圈狀麵糊。

將一鍋橄欖油加熱至180℃。將有麵糊的烤盤紙一一浸入油中，烤盤紙一和麵糊圈分離，就用漏勺將紙取出。將麻花甜甜圈炸至浮起全熟，一一撈起擺在鋪有吸水紙的網架上，以去除多餘的油。

完成

混合糖粉和水，用糕點刷刷在麻花甜甜圈上。放涼後品嚐。

MACARONS
MOGADOR
摩加多馬卡龍

Pierre Hermé
皮耶・艾曼

約72個馬卡龍
（即約144個餅殼）

提前5至7日
準備：1小時
加熱：約25分鐘
靜置時間：30分鐘
冷藏時間：5至7日
（「液化」蛋白）＋2小時＋24小時

「液化」蛋白 Les blancs d'oeufs《 liquéfiés》「液化」蛋白110克 **馬卡龍餅殼麵糊 La pâte des coques de macaron** 杏仁粉300克 ◆ 糖粉300克 ◆ 天然檸檬黃食用色素約5克 ◆ 天然紅色食用色素約0.5克 ◆ 細砂糖300克 ◆ 礦泉水75克 ◆ 「液化」蛋白（見下方食譜）110克 ◆ 無糖可可粉 **百香牛奶巧克力甘那許 La ganache au fruit de la Passion et au chocolat au lait** 吉瓦納（Jivara）巧克力或可可脂含量40%的牛奶巧克力550克（法芙娜Valrhona）◆ 百香果10顆（取250克的果汁）◆ 室溫的維耶特（Viette）奶油100克

「液化」蛋白

提前5至7日，將蛋白分裝至2個碗中，用保鮮膜將碗蓋好。用刀尖戳幾個洞，將蛋白冷藏保存5日。

馬卡龍餅殼麵糊

品嚐馬卡龍的前一天，將糖粉和杏仁粉過篩。將食用色素混入裝有第一次秤重的「液化」蛋白的碗中，倒入糖粉和杏仁粉中，不攪拌。將礦泉水和糖煮沸，煮至118℃的溫度。在糖漿達115℃時，開始將第二次秤重的「液化」蛋白打發成泡沫狀蛋白霜。

將煮至118℃的糖倒入蛋白霜中，持續攪打並降溫至50℃後，混入糖粉和杏仁粉的備料中，攪拌讓麵糊排掉多餘的空氣（retomber）。倒入裝有11號平口擠花嘴的擠花袋。

在2個鋪有烤盤紙的烤盤上，擠出直徑約3.5公分的圓形麵糊，麵糊之間間隔2公分。

將烤盤對著鋪有廚房布巾的工作檯輕敲，用網篩為餅殼篩上薄薄一層可可粉，靜置至少30分鐘，讓餅殼結皮。

將旋風烤箱預熱至180℃（溫控器6）。

入烤箱烤12分鐘，期間將烤箱門快速打開2次。出爐後，將餅殼擺在工作檯上。

百香牛奶巧克力甘那許

以鋸齒刀切碎的巧克力放入攪拌盆中。將百香果切半，將果汁和果肉過篩，取得250克的果汁，將百香果汁煮沸。在平底深鍋中，將切碎的巧克力隔水加熱至半融，分2次將熱的百香果汁倒入巧克力中，一邊從中央開始朝外以繞圈的方式攪拌。在混料的溫度達60℃時，慢慢混入奶油塊，攪拌至甘那許變得平滑。倒入小型焗烤盤，將保鮮膜緊貼在甘那許表面。冷藏保存至甘那許變為乳霜狀，接著倒入裝有11號平口擠花嘴的擠花袋。

為一半的餅殼鋪上大量的甘那許，再蓋上另一片餅殼。將馬卡龍冷藏保存24小時。

當天，品嚐前二小時將馬卡龍從冰箱中取出。

CLÉMENTINES
CONFITES
糖漬小柑橘

| Pierre Jouvaud
皮耶・朱佛 | 3公斤的糖漬小柑橘 | 至少提前一個月開始準備
準備：前一個月第一天1小時30分鐘，
第二天和剩下的日子10分鐘
加熱：第一天約20分鐘，
第二天和剩下的日子10分鐘 |

小柑橘的製備 La préparation des clémentines 科西嘉小柑橘（clementine corse）（在12月採收，較硬）3公斤 **製成糖漿 La mise au sirop** 水1公斤 ◆ 細砂糖900克 ◆ 液態葡萄糖（glucose liquide）450克 **第二次沸騰和添加糖漿 Le second bouillon et le sirop d'alimentation** 水1.2公斤 ◆ 細砂糖2.3公斤 ◆ 液態葡萄糖1.15公斤

小柑橘的製備

第一天，用細針在小柑橘的整個表面上戳洞，並插入深處。用硬的金屬籤插入每顆小柑橘的軸心，去除中央的纖維芯。將大量的水煮沸，加入小柑橘，煮10分鐘。煮至能夠毫不費力地將針插入果肉。

糖漬的目的是要讓水果在不同的煮沸階段中「吐出cracher」所有水分和天然的糖分，並以細砂糖和葡萄糖替換，來保存水果。為水果戳洞和燙煮有利於這樣的交換。

製成糖漿

將水、細砂糖和葡萄糖煮沸，形成糖漿。在大型平底深鍋中倒入還溫熱的糖漿，接著加入小柑橘。小心地調整鍋子的大小，因為小柑橘未必會浮起，而處於高處的小柑橘必定會超出糖漿範圍。如有需要請依鍋子的容量調整糖漿的量和小柑橘的份量。

再度煮沸，煮3分鐘。加熱時輕輕攪拌小柑橘，以免燒焦。

將小柑橘連同糖漿以攪拌盆保存在室溫下，不加蓋。

第二天

第二次沸騰和添加糖漿

第二天，將水、細砂糖和葡萄糖煮沸，將約1/2公升的糖漿倒入小柑橘中，可在每次的沸騰之前為小柑橘添加水分。再次煮沸，並續滾3分鐘。將小柑橘及糖漿放入不加蓋的攪拌盆中，保存在室溫下。靜置2天。從這時開始，重複同樣的程序，加熱8至10次，中間間隔的靜置時間越來越長。

第四天

將第二天製作的補給糖漿約1/2公升加進備料中。再次煮沸，並續滾3分鐘。將小柑橘及糖漿放入不加蓋的攪拌盆中，保存在室溫下。靜置3天。

第七天

將第二天製作的補給糖漿約1/2公升加進備料中。再次煮沸，並續滾3分鐘。將小柑橘及糖漿放入不加蓋的攪拌盆中，保存在室溫下。靜置3天。

第十天

將第二天製作的補給糖漿約1/2公升加進備料中。再次煮沸，並續滾3分鐘。將小柑橘及糖漿放入不加蓋的攪拌盆中，保存在室溫下。靜置4天。

第十四天

將第二天製作的補給糖漿約1/2公升加進備料中。再次煮沸，並續滾3分鐘。將小柑橘及糖漿放入不加蓋的攪拌盆中，保存在室溫下。靜置4天。

第十八天

將第二天製作的補給糖漿約1/2公升加進備料中。再次煮沸，並續滾3分鐘。將小柑橘及糖漿放入不加蓋的攪拌盆中，保存在室溫下。靜置5天。

第二十三天

將第二天製作的補給糖漿約1/2公升加進備料中。再次煮沸，並續滾3分鐘。將小柑橘及糖漿放入不加蓋的攪拌盆中，保存在室溫下。靜置7天。

第三十天

將第二天製作的補給糖漿約1/2公升加進備料中。再次煮沸，並續滾3分鐘。將小柑橘及糖漿放入不加蓋的攪拌盆中，保存在室溫下。

在此階段的小柑橘已完成糖漬，可再煮沸約3分鐘，並裝入平穩的罐中倒置保存，以形成最理想的儲存條件。儘管如此，最好還是讓小柑橘在糖漿中再靜置十幾天。

使用建議

您可將糖漬小柑橘用於水果蛋糕或您選擇的蛋糕食譜中，或是添加在優格裡。您亦能將此糖漿刷在蘭姆芭芭上，或是加入水果酒中來製成餐前酒⋯。

MERINGUES
蛋白餅

Volker Gmeiner 沃克・傑梅涅	約14個蛋白餅	準備：20分鐘 加熱：3小時

蛋白200克 ◆ 細砂糖200克 ◆ 糖粉200克

將旋風烤箱預熱至150℃（溫控器5）。在裝有球狀攪拌棒的電動攪拌機鋼盆中，一邊慢慢混入糖，將蛋白攪打成泡沫狀蛋白霜，接著加入糖粉。

將備料倒入裝有8號星形（douille étoilée）擠花嘴的擠花袋。

在幾個鋪有烤盤紙的烤盤上，擠出第一個直徑約5公分的蛋白霜，接著輕輕按壓擠花袋，在上方擠出一個較小的蛋白霜。

放入烤箱烤3小時。

出爐後，將蛋白餅擺在幾個網架上。放涼後再品嚐，並保存在密封罐中。

EMPINOÑADOS
橙皮杏仁酥球

| Miguel Moreno | 25顆杏仁酥球 | 準備：40分鐘 |
| 米蓋爾・莫瑞諾 | | 加熱：6分鐘 |

麵團 La pâte 水50克 ◆ 細砂糖50克 ◆ 杏仁粉100克 ◆ 糖漬橙皮8克 **完成 La finition** 松子（pignon）125克 ◆ 蛋黃125克

麵團

將水和細砂糖煮沸，放涼，接著在電動攪拌機的攪拌缸中倒入糖漿，混入杏仁粉，攪拌至麵團不沾黏攪拌缸內壁。將糖漬橙皮切成小丁，接著混入麵團中。將麵團取出滾動成長條狀，接著切成每個7克的塊狀。用手將麵團揉成小球狀。

完成

為麵球裹上松子，輕輕按壓，讓松子附著在麵球上，一一擺在鋪有烤盤紙的烤盤上。在攪拌盆中攪散蛋黃，將蛋黃刷在麵球表面。將旋風烤箱預熱至260℃（溫控器10），入烤箱烤5至6分鐘。烘烤結束時，松子應為金黃色。將橙皮杏仁酥球置於網架上放涼。放涼後品嚐。

CROQUANTS
酥餅

| Taihei Oikawa 及川太平 | 20塊酥餅 | 準備：25分鐘 加熱：約30分鐘 |

酥餅麵團 La pâte des croquants 紅糖（cassonade）240克 ◆ 蛋白55克 ◆ 香草粉2克 ◆ 小蘇打粉（bicarbonate de soude）1.8克 ◆ 麵粉25克＋工作檯用麵粉 ◆ 杏仁粉40克 ◆ 榛果粉40克 ◆ 杏仁180克 ◆ 榛果200克 ◆ 開心果80克 **完成 La finition** 糖粉

酥餅麵團

在攪拌盆中攪拌紅糖和蛋白，直到備料顏色變淺，接著混入香草粉、小蘇打粉、麵粉、杏仁粉和榛果粉。

將杏仁、榛果和開心果切碎，混入麵團中。

將旋風烤箱預熱至140℃（溫控器4-5）。

在撒有麵粉的工作檯上，將麵團擀至約1公分的厚度。用直徑6公分的壓模切出30塊酥餅，一一擺在鋪有烤盤紙的烤盤上。

完成

撒上大量糖粉，入烤箱烤約30分鐘。

出爐後，將酥餅置於網架上放涼再品嚐。將剩餘的酥餅以密封罐保存。

SABLÉS
CITRON
檸檬砂布列

| Hideki Kawamura
川村英樹 | 30塊酥餅 | 前一天開始準備
準備：前一天10分鐘，當天40分鐘
加熱：當天15分鐘＋30秒 |

砂布列麵團 La pâte des sablés 室溫回軟的奶油120克 ◆ 糖粉70克 ◆ 蛋30克 ◆ 杏仁粉50克 ◆ 麵粉180克＋工作檯用麵粉 ◆ 泡打粉0.5克 ◆ 未經加工處理的檸檬皮2克（1顆） **檸檬奶油醬 La crème citron** 檸檬汁20克 ◆ 未經加工處理的檸檬皮2克（1顆） 白巧克力100克 **檸檬鏡面 Le glaçage citron** 糖粉150克 ◆ 檸檬汁30克 ◆ 檸檬橄欖油（huile d'olive au citron）10克 ◆ 天然黃色食用色粉2至3撮 **杏桃果醬鏡面 Le nappage a la confiture d'abricots** 杏桃果醬

砂布列麵團

前一天，用指尖混合軟化的膏狀奶油和糖粉。混入蛋、杏仁粉、麵粉、泡打粉和檸檬皮。在麵團均勻時，將麵團揉成球狀。用保鮮膜包起，冷藏保存至隔天。

當天，將旋風烤箱預熱至150℃（溫控器5）。

在撒有麵粉的工作檯上，將麵團擀至2.5公釐的厚度。用直徑7公分的菊花形壓模（或您選擇的壓模）裁切砂布列酥餅。將酥餅分裝至2個鋪有烤盤紙的烤盤上，入烤箱烤15分鐘。

檸檬奶油醬

將檸檬汁和檸檬皮煮沸。用鋸齒刀切碎的巧克力放入攪拌盆中，倒入熱檸檬汁，一邊以手持式電動攪拌棒攪打。

檸檬鏡面

將糖粉過篩至攪拌盆中，混入檸檬汁、檸檬橄欖油和黃色食用色粉。

杏桃果醬鏡面和完成

將旋風烤箱預熱至230℃（溫控器8-9）。

以小火加熱杏桃果醬，用網篩過濾。以糕點刷刷在一半的酥餅上，晾乾，接著淋上檸檬鏡面，入烤箱烤30秒。

將檸檬奶油醬倒入無擠花嘴的擠花袋，接著擠在另一半的酥餅上。將烤成金黃色的酥餅鏡面朝上，疊在鋪有檸檬奶油醬的酥餅上。品嚐。

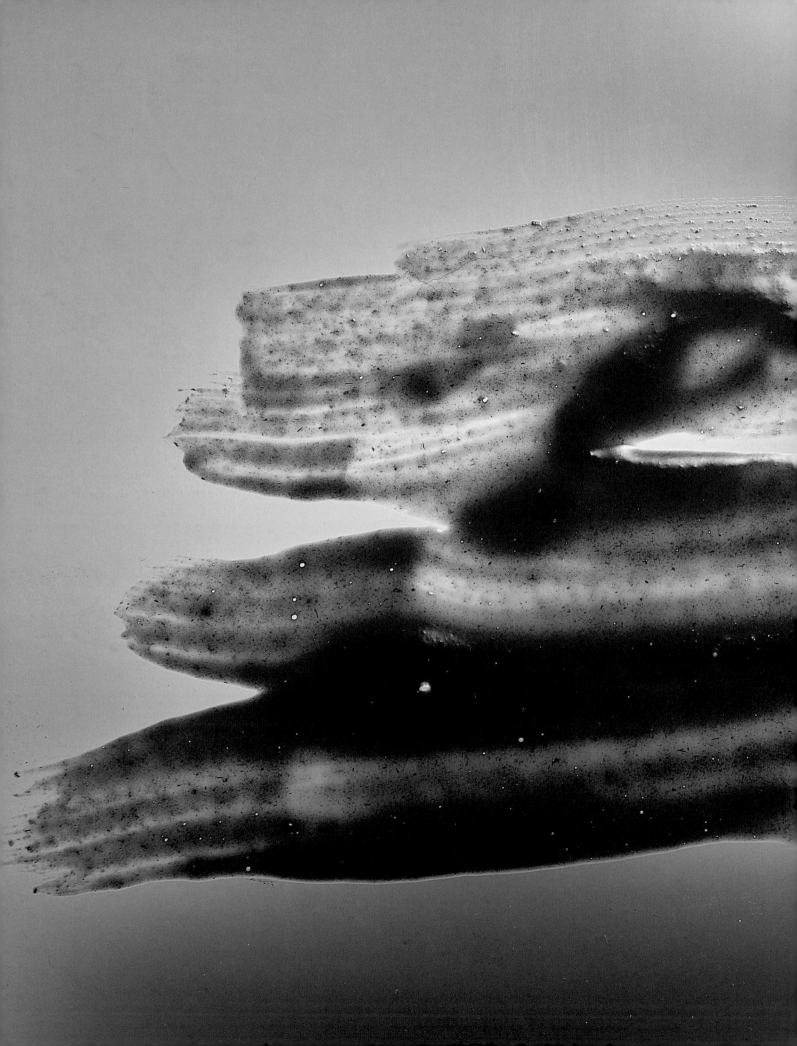

柔軟的小點心

Moelleux

◆　◆

LES GOÛTERS

APFELSTRUDEL
奧地利蘋果酥卷

Andreas Acherer 安德烈亞・亞須黑	8人份	準備：20分鐘 加熱：約30分鐘

餡料 La garniture（金冠）蘋果600克 ◆ 松子30克 ◆ 蘇丹娜（sultana）葡萄乾30克 ◆ 細砂糖24克 ◆ 肉桂粉3克 ◆ 未經加工處理的檸檬皮1/2顆 **蘋果酥卷麵皮 La pâte du strudel** 奶油30克 ◆ 無發酵薄酥皮（pâte filo）2片 ◆ 麵包粉（chapelure）2大匙 **完成 La finition** 糖粉

餡料

將蘋果削皮。用蘋果去核器（vide-pomme）將籽挖出。切半，接著再切成薄片。在攪拌盆中將蘋果薄片和松子、葡萄乾、糖、肉桂粉及半顆檸檬皮混合。

蘋果酥卷麵皮

將旋風烤箱預熱至260℃（溫控器8-9）。以小火將奶油加熱至融化。將無發酵薄酥皮並排擺放，為每片酥皮刷上融化奶油。第一片無發酵薄酥皮撒上薄薄一層麵包粉，將餡料鋪成長條狀，外側邊緣至少留白

3至4公分。在餡料表面撒上麵包粉，整個捲起。接著第二片無發酵薄酥皮也以同樣方式處理，將蘋果酥卷的兩端折起，按壓邊緣以密合。再度刷上融化奶油，將蘋果酥卷擺在鋪有烤盤紙的烤盤上。入烤箱烤約30分鐘。

完成

出爐後，將蘋果酥卷置於網架上放至微溫，接著篩上大量的糖粉。品嚐。

Astuce 訣竅

預先將蘋果餡料填入木柴蛋糕模（槽型模）中並壓實，會較容易將餡料鋪成長條狀。

CROISSANTS
PYRAMIDE
金字塔可頌

Luca Mannori 路卡・馬諾里	20個可頌	提前二日準備 準備：前二日20分鐘，前一天30分鐘， 當天15分鐘 冷藏時間：前一天4小時 加熱：前二天幾分鐘，前一天6分鐘， 當天25分鐘 冷凍：前一天30分鐘 發酵時間：當天5至6小時

厄瓜多巧克力麵包麵團 La pâte à pain au chocolat Ecuador 奶油75克＋奶油740克 ◆ 麵包酵母（levure de boulanger）18克 ◆ 水240克 ◆ 麵粉1公斤＋工作檯用麵粉 ◆ 脫脂奶粉（lait en poudre écrémé）20克 ◆ 細砂糖120克 ◆ 海鹽（sel de mer）20克 ◆ 鮮乳（lait frais）200克 ◆ 無糖可可粉20克 ◆ 液狀鮮奶油20克 **半糖漬橙皮 Les zestes d'orange semi-confits** 水370克 ◆ 細砂糖150克 ◆ 未經加工處理的柳橙皮120克 **組裝 Le montage** 杏桃果醬1罐 ◆ 厄瓜多巧克力棒（bâtons de chocolat Ecuador）20根 **完成 La finition** 蛋黃3顆 ◆ 牛乳15克 ◆ 半糖漬橙皮的浸泡糖漿（見下方食譜）◆ 糖漬橙皮4條

厄瓜多巧克力麵包麵團

提前二日，以小火將第一次秤重的奶油加熱至融化。將麵包酵母用水調和，接著混入冷卻的融化奶油。在裝有揉麵鉤的電動攪拌機鋼盆中，中放入麵粉、脫脂奶粉、細砂糖和海鹽，乾拌幾分鐘。混入鮮乳，以及水、麵包酵母和融化奶油的混料，快速混合至均勻成團。將麵團分成第一塊1.5公斤，和第二塊200克。將200克的麵團放入裝有揉麵鉤的電動攪拌機鋼盆中，將可可粉摻入液狀鮮奶油中拌勻，加入混合攪拌2至3分鐘。在烤盤紙上將第一塊麵團均勻地擀成長60公分，且寬40公分的長方形，蓋上1張烤盤紙。在室溫下靜置2小時，接著冷藏保存至隔天。

前一天，用擀麵棍末端將第二次秤重的奶油敲成略小於麵團的正方形。將奶油擺在麵團中央，將麵團的4個角朝中央折起，形成信封狀。再度將麵團擀至50公分的長度，接著對折。將麵團轉90度，冷藏靜置1小時。重複同樣的步驟3次，每次都將麵團冷藏靜置1小時。在撒有麵粉的工作檯上，將可頌麵團擀至1.5公分的厚度，接著以同樣方式將可可麵團擀開。將可可麵團擺在可頌麵團上。冷凍保存30分鐘。

半糖漬橙皮

將水和細砂糖煮沸。加入橙皮，接著以極小的火煮沸。離火後放涼。再度以極小的火加熱平底深鍋，再次煮沸。將橙皮保存在糖漿裡，冷藏。

組裝

將半糖漬橙皮瀝乾。將巧克力可頌麵團從長邊的中央切開，均勻地刷上杏桃果醬，接著撒上半糖漬橙皮。為了製作出大小一致的可頌，用紙板製作一個8×8公分的等腰三角形。在麵團上沿著紙板的形狀裁出可頌麵團。翻面，讓可可麵團在下，在麵團的一側擺上一根厄瓜多巧克力棒，接著將每一塊麵團捲起，讓巧克力面維持在上。冷藏保存至隔天。

完成

當天，讓可頌麵團在26℃的室溫下發酵約5至6小時。將旋風烤箱預熱至175℃（溫控器5-6）。在碗中攪打蛋黃和牛乳，用糕點刷刷在可頌上，入烤箱烤20至25分鐘。在室溫下放涼。用糕點刷將糖漿刷在半糖漬橙皮上，接著用切成小丁的糖漬橙皮裝飾。可趁熱、微溫或放涼品嚐。

BRIOCHE
CANNELLE
肉桂皮力歐許

Lionel Pelle 里歐納・貝爾	8人份	準備：35分鐘 浸泡時間：30分鐘 加熱：約1小時 發酵時間：約5小時

皮力歐許麵團 La pâte à brioche 紅標精製白麵粉（gruau rouge）300克 ◆ 綠標精製白麵粉（gruau vert）300克 ◆ 細砂糖70克 ◆ 細鹽12.5克 ◆ 蛋300克 ◆ 新鮮酵母（levure de boulanger）20克 ◆ 冷奶油300克 **卡士達奶油醬 La crème pâtissière** 全脂牛乳500克 ◆ 香草莢1根 ◆ 蛋黃80克 ◆ 紅糖125克 ◆ 卡士達粉（poudre à flan）45克 ◆ 奶油20克 **杏仁奶油醬 La crème d'amandes** 奶油45克 ◆ 糖粉55克 ◆ 杏仁粉55克 ◆ 玉米粉3克 ◆ 農業深色蘭姆酒2克 ◆ 蛋30克 ◆ 卡士達奶油醬（見下方食譜）100克 **肉桂配料 La garniture cannelle** 杏仁奶油醬（見下方食譜）250克 ◆ 卡士達奶油醬（見下方食譜）75克 ◆ 液狀鮮奶油45克 ◆ 肉桂粉10克 **完成 La finition** 葡萄乾（raisin sec）50克 ◆ 核桃仁（cerneaux de noix）50克 ◆ 工作檯用麵粉 ◆ 塔圈用奶油

皮力歐許麵團

電動攪拌機裝上球狀攪拌棒，在攪拌缸中混合紅標和綠標精製白麵粉、糖、細鹽、蛋和弄碎的酵母。攪拌至麵團不沾黏攪拌缸內壁。混入切塊的冷奶油，攪拌至麵團再度不沾黏攪拌缸內壁。將麵團放入攪拌盆中，蓋上廚房布巾，在24℃的室溫下靜置至體積膨脹為2倍。

卡士達奶油醬

以小火將牛乳和剖半刮出籽的香草莢煮沸，離火。將平底深鍋加蓋，浸泡30分鐘。準備一碗裝有冰塊的水，一旁擺著另一個小碗。在平底深鍋中攪打蛋黃、紅糖和卡士達粉，接著非常緩慢地倒入1/4的香草浸泡牛乳，不停攪打。以細流狀倒入剩餘的牛乳，一邊持續攪打。將香草莢取出，以中火加熱平底深鍋，一邊用力攪打奶油醬，煮沸。將奶油醬煮沸，不停攪拌1至2分鐘。立即倒入小碗中，放入冰塊盆內冷卻。不時攪拌卡士達奶油醬，直到溫度降至60℃，混入分成小塊的奶油。將奶油醬保存在墊有冰塊的容器中，不時攪拌，直到奶油醬冷卻。保鮮膜緊貼在奶油醬表面。冷藏保存。

杏仁奶油醬

在裝有攪拌槳的電動攪拌機鋼盆中，攪拌奶油至形成膏狀。將糖粉、杏仁粉和玉米粉過篩，接著混入膏狀奶油。加入蛋，攪拌至充分混合均勻。倒入農業深色蘭姆酒，攪拌至奶油醬均勻。將100克的卡士達奶油醬攪拌至平滑後，混入杏仁奶油醬中。

肉桂配料

將250克的杏仁奶油醬和75克的卡士達奶油醬混合，接著混入液狀鮮奶油和肉桂粉，攪拌至備料均勻。

完成

將葡萄乾泡熱水10分鐘，讓葡萄乾膨脹。將核桃仁切碎。在撒有麵粉的工作檯上，將皮力歐許麵團擀至形成厚3公釐的長方形，在表面鋪上肉桂配料，撒上切碎的核桃仁和瀝乾的葡萄乾。將麵團捲起，接著切成3公分的小段。為2個塔圈刷上奶油：第一個直徑24公分，第二個直徑10公分。將第一個塔圈擺在鋪有烤盤紙的烤盤上，在這塔圈中央擺上第二個塔圈。在2個塔圈之間並排擺入切成小段的皮力歐許，切面朝上。蓋上布，再度讓麵團在25℃的室溫下體積膨脹2倍。

將旋風烤箱預熱至160℃（溫控器5-6），入烤箱烤35分鐘。放涼後品嚐。

BEIGNETS
CLÉMENTINE
小柑橘貝涅餅

Jérôme Allamigeon
傑宏‧阿拉米瓊

30個貝涅餅

前一天開始準備
準備：前一天35分鐘，當天20分鐘
加熱：前一天約45分鐘，當天約12分鐘

小柑橘果醬 La marmelade de clémentines　末經加工處理的小柑橘600克 ◆ 小柑橘果汁240克＋細砂糖500克 ◆ 細砂糖120克＋NH果膠18克 ◆ 檸檬皮10克＋檸檬汁1顆 **麵糊 La pâte** 奶油45克 ◆ 細砂糖80克 ◆ 杏仁粉100克 ◆ 蛋90克 ◆ 蛋黃10克 ◆ 麵粉15克

小柑橘果醬

前一天，製作小柑橘果醬。仔細清洗小柑橘並晾乾。將小柑橘連皮約略切成數塊。去籽（如果有的話）。將柑橘果汁和第一次秤重的糖加熱，加入小柑橘塊，以中火加熱糖漬30分鐘。加入第二次秤重的糖和果膠，接著再煮約15分鐘，混入檸檬皮和檸檬汁，以手持式電動攪拌棒攪打均勻。再度煮沸，接著立刻倒入已殺菌的果醬罐中。擦去可能滴下的果醬，接著將蓋子栓緊，立刻將罐子倒扣。放涼。保存在室溫下。

麵糊

當天，製作麵糊。以小火將奶油加熱至融化，混合糖、杏仁粉、蛋和蛋黃，直到蛋糕變得平滑且柔軟。混入麵粉，接著倒入融化奶油，輕輕混合均勻。迷你瑪芬矽膠多連模擺在2個烤盤上，將麵糊分裝至模內，每模約15個。

將4大匙的小柑橘果醬倒入裝有7號平口擠花嘴的擠花袋，將擠花嘴插入麵糊至一半的高度，擠入少量的小柑橘果醬。入烤箱烤12分鐘，放涼後將小柑橘貝涅餅脫模。搭配小柑橘果醬享用。

PAVÉ
DE MONTMARTRE
蒙馬特磚形蛋糕

Arnaud Lahrer
阿諾·拉赫

6人份

前一天開始準備
準備：前一天35分鐘，
當天15分鐘
加熱：前一天46分鐘，
當天約8至10分鐘

蛋糕體 Le biscuit 杏仁含量65%的杏仁膏300克 ◆ 蛋150克 ◆ 苦杏仁精（amande amère）1滴 ◆ 奶油75克＋烤盤用奶油 ◆ 麵粉20克＋烤盤用麵粉 ◆ 馬鈴薯澱粉20克 **完成 La finition** 蛋白2顆 ◆ 杏仁膏125克 ◆ 蛋黃2顆

蛋糕體

前一天，將杏仁膏放入裝有球狀攪拌棒的電動攪拌機鋼盆中，接著混入蛋，一次一顆，以中速攪拌30分鐘。混入苦杏仁精。

將旋風烤箱預熱至180℃（溫控器6）。以小火將奶油加熱至融化。取1/3上述的杏仁膏蛋糊，混入冷卻的融化奶油中至均勻，再倒回電動攪拌機的攪拌缸中攪拌均勻。用橡皮刮刀拌入麵粉和馬鈴薯澱粉。為邊長18公分的正方形烤模刷上奶油、撒上麵粉，接著將烤模倒扣以去除多餘的麵粉。倒入麵糊至3公分的高度。輕輕並小心地將表面抹平，以免麵糊塌陷。

入烤箱烤45分鐘。檢查熟度：刀身插入並抽出時刀身必須保持乾燥。在室溫下放涼，接著脫模。

用保鮮膜包起，在室溫下保存至隔天。

完成

當天，將旋風烤箱預熱至180℃（溫控器6）。

將蛋白打至光亮發泡，刷在蛋糕體上。將杏仁膏擀薄，擀至形成厚2公釐、邊長約21公分的正方形，將杏仁膏小心地蓋在蛋糕體的表面和邊緣。在碗中輕輕攪打蛋黃，將蛋黃分2次刷在蛋糕上。用小湯匙的邊緣在磚形蛋糕表面畫出圓弧形。入烤箱烤8至10分鐘，出爐後，將蒙馬特磚形蛋糕放涼再品嚐。

SFOGLIATELLE
義大利拿坡里千層貝殼酥

◆━━━━━━━━━━━━━━◆━━━━━━━━━━━━◆

Iginio Massari
伊吉尼歐·馬薩里

10塊貝殼酥

準備：1小時
加熱：約30分鐘
冷藏時間：3小時

糖漬橙皮奶油醬 La crème aux oranges confites 糖漬橙皮40克 ◆ 水250克 ◆ 細鹽4克 ◆ 細磨小麥粉（semoule fine）70克 ◆ 瑞可塔乳酪（ricotta）250克 ◆ 細砂糖125克 ◆ 蛋150克 ◆ 香草莢1根 **千層貝殼酥麵團 La pâte à sfogliatella** 麵粉250克＋工作檯用麵粉 ◆ 水100克 ◆ 奶油70克＋室溫回軟的奶油80克 ◆ 細鹽1克 **完成 La finition** 糖粉

糖漬橙皮奶油醬

將糖漬橙皮切成小丁。將水和細鹽煮沸，一次倒入細磨小麥粉，不停攪拌，以中火煮約3分鐘，再將備料倒入攪拌盆中，放涼。混入瑞可塔乳酪，將備料拌勻。混入糖漬橙皮丁、糖、蛋和從剖半的香草莢中刮下的香草籽。冷藏保存。

千層貝殼酥麵團和完成

在攪拌盆中混合麵粉、水、細鹽和第一次秤重的奶油，攪拌至形成平滑有彈性的麵團。揉成球狀，冷藏靜置1小時。在撒有麵粉的工作檯上將麵團擀至長1.8公尺且寬25公分的麵皮（應可透光）。用刮板將第二次

秤重的奶油輕輕抹至麵皮的整個表面。將麵皮捲起，形成直徑約8公分的圓柱狀。很重要的是，在開始將麵皮捲起時，要小心不要讓空氣進入。冷藏靜置2小時。

將圓柱狀麵皮切成約1公分厚的圓餅。將第一塊圓餅擺在手心，將大拇指擺在圓餅中央，接著大拇指一邊持續按壓，一邊將麵餅轉圈，形成大而尖的貝殼狀。在中央鋪上滿滿一大匙的糖漬橙皮奶油醬。將圓餅對折，接著輕輕按壓邊緣以密合。剩餘的麵餅也以同樣方式處理，一一擺在鋪有烤盤紙的烤盤上。

將旋風烤箱預熱至190℃（溫控器6-7），入烤箱烤25分鐘。出爐後，為千層貝殼酥篩上糖粉。趁熱品嚐。

GAUFRES
FOURRÉES
夾心煎餅

Yoshiaki Kaneko
金子美明

30塊鬆餅
（每種口味10塊）

準備：1小時
加熱：20分鐘
冷藏時間：3小時

煎餅麵糊 La pâte à gaufres 奶油250克 ◆ 麵粉250克 ◆ 紅糖（vergeoise）250克 ◆ 細鹽3克 ◆ 牛乳150克 ◆ 蛋180克 ◆ 鬆餅機用葡萄籽油 **傳統帕林內 Le praliné à l'ancienne** 細砂糖230克 ◆ 水65克 ◆ 帶皮的整顆杏仁365克 ◆ 大溪地香草莢（gousse de vanille de Tahiti）1/2根 ◆ 鹽之花3克 **傳統帕林內餡料 La garniture de praliné à l'ancienne** 可可脂含量40%的吉瓦納（Jivara）牛奶巧克力25克 ◆ 傳統帕林內130克（見下方食譜） **法式香草奶油霜 La crème au beurre à la vanille** 蛋55克 ◆ 蛋黃30克 ◆ 細砂糖12克 ◆ 香草精6克 ◆ 細砂糖165克＋水45克 ◆ 奶油315克 **杏仁香草餡料 La garniture amande-vanille** 室溫杏仁醬75克 ◆ 法式香草奶油霜（見下方食譜）75克 ◆ 香草粉0.3克 ◆ 香草精3克 **軟焦糖餡料 La garniture caramel mou** 脂肪含量35%的液狀鮮奶油70克 ◆ 葡萄糖5克＋葡萄糖15克 ◆ 大溪地香草莢1/4根 ◆ 細砂糖155克 ◆ 半鹽奶油63克 ◆ 可可脂55克

煎餅麵糊

以小火將奶油加熱至融化。在攪拌盆中，用打蛋器混合麵粉、紅糖、細鹽、牛乳、蛋和冷卻的融化奶油。蓋上保鮮膜，冷藏保存至少3小時。

用糕點刷為煎餅機刷上少量的油。將麵糊倒入煎餅機，烤3分鐘，中途將機器翻轉。讓煎餅在網架上放涼。

傳統帕林內

將糖和水煮至形成淺金色焦糖。倒入杏仁，煮至形成焦糖，一邊不時攪拌。加入1/2根剖半刮出籽的香草莢和預先壓碎的鹽之花，混合並放涼。將香草莢取出，以食物料理機攪打備料至形成略帶顆粒的帕林內。

傳統帕林內餡料

用鋸齒刀將巧克力切碎，放入攪拌盆中隔水加熱至融化。混入130克的傳統帕林內，倒入無擠花嘴的擠花袋。在第一塊煎餅上擠上30克的傳統帕林內，接著擺上第二塊煎餅。

法式香草奶油霜

在裝有球狀攪拌棒的電動攪拌機鋼盆中，攪拌蛋、蛋黃、糖和香草精，直到混料泛白。

同時，將水和糖煮沸至118℃，形成糖漿。將118℃的糖漿以細流狀倒入蛋糊中，持續攪拌至完全冷卻。分5至6次慢慢混入切塊奶油攪拌均勻。

杏仁香草餡料

讓杏仁膏在室溫下軟化。在碗中將杏仁膏拌軟後再混入150克的法式香草奶油霜、香草粉和香草精。倒入無擠花嘴的擠花袋。為第一塊煎餅擠上30克的杏仁香草餡料，接著擺上第二塊煎餅夾起。

軟焦糖餡料

將液狀鮮奶油、第一次秤重的葡萄糖和1/4根剖半刮出籽的香草莢煮沸。將糖和第二次秤重的葡萄糖乾煮成焦糖，倒入煮沸的鮮奶油中，接著不停攪拌，煮至119℃的溫度，混入切塊奶油和可可脂。將還溫熱的軟焦糖倒入無擠花嘴的擠花袋，為第一塊煎餅鋪上30克的軟焦糖，接著擺上第二塊煎餅。

將有傳統帕林內、杏仁香草和軟焦糖夾心的煎餅擺在餐盤上品嚐。

CROISSANTS
AU PRALINÉ
帕林內可頌

Laurent Duchêne	20個可頌	準備：45分鐘
洛洪・杜榭		麵團靜置：2小時（冷藏）＋30分鐘（室溫）
		發酵時間：約1小時30分鐘
		加熱：37分鐘

可頌麵團 La pâte a croissant 水240克 ◆ 新鮮麵包酵母（levure de boulanger）15克 ◆ T65麵粉300克 ◆ T55麵粉150克 ◆ 奶粉25克 ◆ 細鹽10克 ◆ 細砂糖55克 ◆ 奶油250克 ◆ 攪拌盆和工作檯用麵粉 **可可麵團 La pâte cacao** T65麵粉35克 ◆ T55麵粉20克 ◆ 無糖可可粉11克 ◆ 麵包酵母2克 ◆ 水45克 ◆ 奶粉3克 ◆ 細砂糖5克 ◆ 細鹽1克 **杏仁帕林內 Le praliné amandes** 整顆生杏仁180克 ◆ 細砂糖200克 ◆ 水50克 ◆ 葡萄糖18克 **蛋液 La dorure** 蛋黃60克 ◆ 牛乳60克 **糖漿 Le sirop** 水50克 ◆ 細砂糖60克

可頌麵團

在裝有勾狀攪拌棒的電動攪拌機鋼盆中，用打蛋器調和少許的水和弄碎的麵包酵母。倒入麵粉、奶粉、摻入剩餘的水，接著是細鹽和糖。以高速攪拌約2分鐘，直到麵團平滑。為大的攪拌盆撒上少許麵粉。將麵團放入攪拌盆中，蓋上布。在室溫下靜置約30分鐘。

在撒有麵粉的工作檯上將麵團擀至長30公分，且寬15公分的長方形。擺在鋪有烤盤紙的烤盤上。在麵團的整個表面貼上另一張烤盤紙，以免麵皮結皮。冷藏靜置1小時。

用擀麵棍末端將奶油敲至形成邊長15公分的正方形。

很重要的是，請用手指戳入奶油來檢查奶油的軟硬度，奶油不應黏在手上。將正方形奶油片擺在可頌麵團中央，將麵團的4個角朝中央折起，形成信封狀。再度將麵團擀至50公分的長度，接著將兩邊朝中央折起，再對折，將麵團冷藏靜置30分鐘。將麵團轉90度，接著再進行同樣的擀開折疊步驟一次。

可可麵團

將麵粉和可可粉過篩。在裝有勾狀攪拌棒的電動攪拌機鋼盆中，混合弄碎的麵包酵母、水、奶粉，以及過篩的麵粉和可可粉、糖和細鹽，攪拌2分鐘。將可可麵團冷藏保存至擀開的時刻。

杏仁帕林內

將旋風烤箱預熱至150℃（溫控器5）。

將整顆的生杏仁攤平在鋪有烤盤紙的烤盤上。放入烤箱，烘焙杏仁20分鐘，不時翻動。將糖、水和葡萄糖煮至180℃的溫度，形成焦糖。將杏仁倒入焦糖中，用刮刀攪拌，讓杏仁完全被焦糖所包覆。倒在烤盤墊上。用刮刀將焦糖杏仁稍微攤開，接著用擀麵棍盡可能壓至細碎。

帕林內可頌塑型

在撒有麵粉的工作檯上將麵團擀至形成長30公分，且寬15公分的長方形。可可麵團也以同樣方式擀開。將可可麵團擺在可頌麵團上，一起擀至形成長50公分、寬25公分，且厚3公釐的長方形。為了做出大小相同的可頌，請用紙板裁出9×25公分的等腰三角形。將塑形紙板擺在麵團上，在紙板周圍裁出可頌的形狀。將麵團翻面，讓可可麵團在下方，用湯匙在每塊麵團上擺上一匙約10克的自製帕林內，再將麵皮捲起。將成形的可頌一一擺在2個鋪有烤盤紙的烤盤上，蓋上布。理想是最好讓可頌麵團在25℃的溫度下發酵約1小時30分鐘。

蛋液

將旋風烤箱預熱至170℃（溫控器5-6）。在碗中攪打蛋黃和牛乳，用糕點刷將少量蛋液刷在可頌麵團上。入烤箱烤15分鐘。

糖漿

將水和糖煮沸，形成糖漿。

完成

出爐後，用糕點刷為熱可頌刷上薄薄一層糖漿。可趁熱、放至微溫或放涼後品嚐。

COOKIES
PÉPITES
巧克力豆餅乾

| Patrick Gelencser
派翠克‧蓋倫塞 | 15塊餅乾 | 準備：10分鐘
加熱：12至15分鐘
冷藏時間：約2小時 |

麵糊 La pâte　麵粉200克 ◆ 泡打粉2.5克 ◆ 室溫軟化的膏狀奶油150克 ◆ 紅糖75克 ◆ 細砂糖75克 ◆ 香草莢1/2根 ◆ 細鹽3克 ◆ 蛋50克 ◆ 巧克力豆（pépites de chocolat）175克

在攪拌盆中混合麵粉和泡打粉。在裝有攪拌槳的電動攪拌機鋼盆中，放入奶油、紅糖、糖、剖半刮出籽的香草莢和細鹽，攪拌至形成乳霜狀麵糊。混入蛋，接著是麵粉和泡打粉的混料。在麵糊均勻時混入巧克力豆。

將麵糊冷藏保存約2小時，讓麵糊變硬。

將旋風烤箱預熱至200℃（溫控器6-7）。

將麵糊分成15個，每個約50克的球。

保持間距地擺在鋪有烤盤紙的烤盤上。用掌心按壓每顆球，將球壓平。入烤箱烤12至15分鐘。

出爐後，將餅乾置於網架上放涼。品嚐。

CANELÉS
DE BORDEAUX
波爾多可麗露

Arnaud Marquet
阿諾・馬蓋

20個可麗露

前一天開始準備
準備：前一天15分鐘，當天15分鐘
加熱：前一天3分鐘，當天45分鐘

可麗露麵糊 L'appareil des canelés 牛乳1公升 ◆ 奶油50克 ◆ 香草莢1根 ◆ 麵粉150克 ◆ 玉米粉70克 ◆ 細砂糖500克 ◆ 蛋100克 ◆ 蛋黃100克 ◆ 蘭姆酒40克 ◆ 模型用澄清奶油（beurre clarifié）或蜂蠟（cire d'abeille）

可麗露麵糊

前一天，將牛乳、奶油和剖半刮出籽的香草莢煮沸。離火，稍微放涼。在第一個攪拌盆中混合麵粉、玉米粉和糖。在另一個碗中混合蛋和蛋黃，再混入麵粉、玉米粉和糖的混料，一邊緩緩倒入略為冷卻的牛乳，混合均勻。

快速攪拌，接著倒入蘭姆酒。將可麗露麵糊冷藏保存至隔天。

當天，將香草莢從可麗露麵糊中取出。用糕點刷為20個可麗露模刷上澄清奶油（或蜂蠟）。

將旋風烤箱預熱至190℃（溫控器6-7）。

將麵糊倒入可麗露模中至距離邊緣5公釐處。入烤箱烤45分鐘。

出爐後，在網架上為可麗露脫模。放涼15分鐘後品嚐。

CAKE BAEREWECKE
À L'ORANGE
柳橙乾果蛋糕

Yoshinari Otsuka 大塚良成	3塊蛋糕	提前三週開始準備

提前三週開始準備
準備：提前三週20分鐘，當天30分鐘
加熱：55分鐘
浸漬時間：三週

果乾配料 La garniture de fruits séchés 洋梨乾（poires séchées）110克 ◆ 無花果乾60克 ◆ 黑李乾（prunes séchées）◆ 杏桃乾35克 ◆ 糖漬櫻桃（cerises confites）35克 ◆ 糖漬柳橙40克 ◆ 葡萄乾85克 ◆ 茴香粉（anis en poudre）3克 ◆ 丁香粉（clou de girofle en poudre）0.5克 ◆ 肉豆蔻粉（noix de muscade en poudre）0.5克 ◆ 肉桂粉3克 ◆ 櫻桃酒18克 ◆ 檸檬汁5克 ◆ 濃縮柳橙汁（jus d'orange concentré）5克 **浸潤糖漿 Le sirop d'imbibage** 細砂糖35克 ◆ 水100克 ◆ 柑曼怡白蘭地橙酒100克 **水果蛋糕麵糊 La pâte du cake** 室溫軟化的膏狀奶油300克 ◆ 細砂糖175克 ◆ 蛋200克 ◆ 麵粉315克 ◆ 檸檬蜂蜜（miel citronné）25克 ◆ 葡萄糖15克 ◆ 濃縮柳橙果肉25克 ◆ 泡打粉8克 **完成 La finition** 柳橙果醬 ◆ 果乾和糖漬水果

果乾配料

提前三週清洗果乾並晾乾。將洋梨乾和無花果乾切成約8至10公釐的小丁，黑李乾和杏桃乾切成3塊，糖漬櫻桃切半，糖漬柳橙切成5公釐的小丁。將果乾和糖漬水果放入攪拌盆中。在碗中混合茴香粉、丁香粉、肉豆蔻粉、肉桂粉、櫻桃酒、檸檬汁和濃縮柳橙汁。將這混料混入果乾與糖漬水果中，拌勻並在室溫下浸漬至少三週。

浸潤糖漿

當天，將水和糖煮沸，形成糖漿。取100克的糖漿，放涼，接著加入柑曼怡白蘭地橙酒。

水果蛋糕麵糊

在裝有攪拌槳的電動攪拌機鋼盆中，將奶油和糖拌勻。混入蛋，接著分2次倒入麵粉，以中速攪拌3分鐘。形成的麵糊必須打入空氣而顏色變淺。混入檸檬蜂蜜和濃縮柳橙果肉，以慢速將麵糊攪拌至均勻。混入果乾和糖漬水果。

將旋風烤箱預熱至180℃（溫控器6）。為3個長21公分、寬8公分，且高6公分的水果蛋糕模鋪上烤盤紙。將麵糊分裝至模型中，入烤箱烤50分鐘。

完成

出爐後，為每塊蛋糕刷上15克的浸潤糖漿。將蛋糕脫模在網架上，放涼後刷上薄薄一層柳橙果醬。依個人靈感以果乾和糖漬水果進行裝飾並品嚐。

BUGNES
炸薄餅

Jean-Paul Pignol 尚保羅・皮諾	10人份	前一天開始準備 準備：前一天10分鐘，當天25分鐘 加熱：每爐4至5分鐘 冷藏時間：12小時

炸薄餅麵團 La pâte des bugnes　冷奶油250克 ◆ 麵粉1公斤＋工作檯用麵粉 ◆ 未經加工處理的黃檸檬皮100克（1顆）◆ 蛋300克 ◆ 水100克 ◆ 細砂糖50克 ◆ 泡打粉15克 ◆ 橙花水（fleur d'oranger）60克 ◆ 細鹽15克 ◆ 油炸綜合用油（葵花油、菜籽油和葡萄籽油）　**完成 La finition** 糖粉

炸薄餅麵團

前一天，將冷奶油切成小丁。將麵粉過篩。
在食物料理機的攪拌缸中混合冷奶油丁和過篩麵粉，攪打至形成砂礫狀。混入蛋、水、糖、泡打粉、橙花水、檸檬皮和細鹽。攪打至麵團不沾黏攪拌缸內壁，將麵團放入碗中，蓋上保鮮膜，冷藏保存至隔天。
當天，將麵團分成幾個小麵團，在撒有麵粉的工作檯上，將第一塊麵團擀至6公釐的厚度。用烘焙輪刀（roulette à pâtisserie）將麵皮裁成正方形或長方形，或依個人靈感裁成其他形狀。

將油鍋加熱至175℃。將炸薄餅麵團一一浸入熱油中，中途以漏勺翻面。瀝乾後擺在吸水紙上。

完成

放涼後篩上糖粉。

CAKE
AUX MARRONS
ET AU RHUM
蘭姆栗子蛋糕

| William Curley | 3塊蛋糕， | 準備：30分鐘 |
| 威廉·科里 | 即6至8人份 | 加熱：約55分鐘 |

蘭姆糖漿 Le sirop au rhum 水225克 ◆ 細砂糖190克＋香草用糖 ◆ 香草莢1根 ◆ 陳年深色蘭姆酒（vieux rhum brun agricole）100克 **麵糊 La pâte** 奶油180克 ◆ 麵粉24克＋模型用麵粉 ◆ 玉米粉54克 ◆ 泡打粉3克 ◆ 杏仁粉150克 ◆ 榛果粉110克 ◆ 細砂糖180克 ◆ 蛋260克 ◆ 糖栗碎220克 ◆ 陳年深色蘭姆酒20克 **完成 La finition** 榛果15顆 ◆ 杏桃果醬 ◆ 糖栗9顆

蘭姆糖漿

將水、糖和剖半刮出籽的香草莢煮沸，在室溫下放涼，混入陳年深色蘭姆酒。取出香草莢，接著切成細條，讓條狀香草莢滾上細砂糖，在室溫下乾燥。

麵糊

將旋風烤箱預熱至170℃（溫控器5-6）。以小火將奶油加熱至融化。將麵粉、玉米粉和泡打粉過篩。在裝有攪拌槳的電動攪拌機鋼盆中，混合杏仁粉、榛果粉、糖和蛋，攪拌10分鐘。慢慢混入麵粉、玉米粉和泡打粉。

混合後加入糖栗碎和陳年深色蘭姆酒，混合後再混入融化奶油。

為3個長23公分、寬6公分，且高3.5公分的蛋糕模刷上奶油，撒上麵粉，接著將模型倒扣以去除多餘的麵粉。將麵糊倒入無擠花嘴的擠花袋，接著擠在模型內，入烤箱烤30至35分鐘。出爐後，將蛋糕脫模在置於烤盤的網架上，為熱蛋糕刷上大量的蘭姆糖漿。

完成

將旋風烤箱的溫度調低至150℃（溫控器5）。將榛果鋪在烤盤上，用烤箱烘焙榛果15分鐘，不時翻動。出爐後，放涼再切半。

以小火加熱杏桃果醬，用網篩過濾，接著用糕點刷刷在冷卻的蛋糕上。

將糖栗切半用來裝飾蛋糕。放上烘焙榛果，以香草莢裝飾。品嚐。

GÂTEAU
BASQUE
巴斯克蛋糕

Lionel Raux 里奧奈・胡	6人份	前一天開始準備 準備：前一天15分鐘，當天15分鐘 加熱：前一天約8分鐘，當天45分鐘 冷藏時間：12小時

麵團 La pâte 室溫回軟的奶油160克＋模型用15克 ◆ 細砂糖85克 ◆ 紅糖125克 ◆ 細鹽1撮 ◆ 杏仁粉70克 ◆ 蛋50克＋蛋液用蛋1顆 ◆ 麵粉230克＋布料、工作檯和模型用麵粉30克 ◆ 泡打粉6克 **奶油醬 La crème** 麵粉60克 ◆ 全脂牛乳380克 ◆ 香草莢1根 ◆ 蛋60克 ◆ 細砂糖100克 ◆ 深色蘭姆酒20克

麵團

前一天，在攪拌盆中用木匙混合軟化的膏狀奶油、細砂糖、紅糖、杏仁粉和細鹽，再混入蛋。在攪拌盆上方，將麵粉和泡打粉過篩，揉捏至麵團不沾黏手。用撒有麵粉的布巾將麵團滾成球狀，冷藏保存至隔天。

奶油醬

將麵粉過篩至烤盤紙上。將牛乳和剖半的香草莢煮沸。在攪拌盆中攪打蛋和糖，混入過篩麵粉。將香草莢從牛乳中取出，將籽刮出放回牛乳中。將煮沸的牛乳倒入蛋、糖和麵粉的混料，一邊攪打，再倒回平底深鍋中，不停攪拌，以小火煮沸，接著滾3分鐘。將鍋子離火，混入深色蘭姆酒，放涼，不時攪拌奶油醬。將保鮮膜緊貼在奶油醬表面，冷藏保存至隔天。當天，將旋風烤箱預熱至180℃（溫控器6）。用糕點刷為直徑28公分的高邊烤模（moule à

manqué）刷上奶油，撒上麵粉。將模型倒扣在工作檯上，以去除多餘的麵粉。

從前一天製作的麵團中取1/4備用。第一步先在撒有麵粉的工作檯上將剩餘3/4的麵團擀成直徑約32公分的圓形麵皮。將麵皮鋪入高邊烤模中，讓麵皮稍微溢出模型邊緣，接著倒入前一天製作的奶油醬，抹平。第二步在撒有麵粉的工作檯上將預留的1/4麵團，擀成直徑約30公分的圓形麵皮。鋪在奶油醬上，用指尖將上下2張麵皮的邊緣捏在一起，接著用擀麵棍在模型上緣擀過，以裁去多餘的麵皮。在碗中用叉子打蛋，製作蛋液。用糕點刷將蛋液刷在麵皮表面，用叉子在麵皮周邊劃出條紋，接著在中央劃出菱形格子紋。入烤箱烤45分鐘。

出爐後，讓蛋糕在模型中冷卻。將網架擺在模型上，將蛋糕倒扣。將餐盤擺在蛋糕上，接著反轉翻成正面。切塊品嚐。

SUSSEX POND
PUDDING
薩塞克斯布丁

Alain Roux
亞倫·胡

6至8人份

準備：30分鐘
加熱：3小時30分鐘
冷藏時間：30分鐘

布丁麵團 La pâte du pudding 薄皮檸檬1大顆 ◆ 麵粉500克＋工作檯用麵粉 ◆ 泡打粉30克 ◆ 牛油（graisse de boeuf）250克 ◆ 末精煉粗紅糖（sucre demerara）250克 ◆ 奶油250克＋模型用奶油 ◆ 水140克 ◆ 牛乳140克 ◆ 細鹽1撮

布丁麵團

用叉子尖端在檸檬上戳十幾個洞。將檸檬放入平底深鍋中，用水淹過，煮沸。離火，讓檸檬在烹煮的水中冷卻，用漏勺將檸檬瀝乾。在攪拌盆中，用指尖混合麵粉、泡打粉和牛油。倒入水和牛乳，接著混合至麵團均勻且半軟。用布蓋住碗，將麵團冷藏保存30分鐘。

為直徑17公分且容量1公升的聖誕布丁模刷上少許奶油。

取3/4的麵團，接著在撒有麵粉的工作檯上，擀成厚1公分的圓餅。將圓形麵皮套入底部和邊緣刷有奶油的模型內，讓麵皮在模型頂端形成波峰。

用食物料理機將末精煉粗紅糖打成細碎。在攪拌盆中，用指尖約略混合打細的紅糖和切成小塊的奶油成砂礫狀。將這混料擺在模型內的麵皮上，接著將瀝乾的檸檬嵌入中央。將剩餘的1/4麵團擀成直徑18公分的圓餅，擺在模型上，用大拇指和食指一起按壓麵團邊緣，和第一塊圓形麵皮的波峰密合。在表面蓋上1張圓形的烤盤紙，在邊緣弄出皺褶，接著蓋上圓形的鋁箔紙，用料理用繩固定模型。

在高邊平底深鍋（約15公分高）底部擺上一張烤盤紙。擺入模型，接著倒入沸水至模型一半的高度。用和鍋子直徑同樣大小的蓋子加蓋，讓蒸氣不會散出。以中火加熱，蒸煮（100℃）3小時30分鐘。為了讓隔水加熱的水位維持在模型的一半高度，請不時倒入沸水。將模型連同鋁箔紙和烤盤紙從隔水加熱鍋中取出，小心不要被逸出的蒸氣燙傷。將熱布丁倒扣在大型的餐盤中，立即品嚐。

CAKE
AUX MARRONS
栗子蛋糕

| Norihiko Terai
寺井則彥 | 5塊蛋糕 | 準備：15分鐘
加熱：約1小時5分鐘 |

麵糊 La pâte 奶油190克＋模型用奶油 ◆ 栗子醬（pâte de marrons）450克 ◆ 蛋185克 ◆ 細砂糖200克 ◆ 杏仁粉250克 ◆ 牛乳50克 ◆ 液狀鮮奶油50克 ◆ 栗子碎（brisures de marrons）300克 ◆ 模型用麵粉 **鏡面 Le glaçage** 水100克 ◆ 細砂糖135克 ◆ 糖粉350克 **完成 La finition** 糖栗（marrons glacés）25顆

麵糊

將旋風烤箱預熱至180℃（溫控器6）。在裝有攪拌槳的電動攪拌機鋼盆中，攪拌奶油和栗子醬，直到備料形成乳霜狀。在碗中攪打蛋和糖，直到混料泛白，接著混入奶油和栗子醬的備料中，攪拌均勻後混入杏仁粉再次拌勻。

將牛乳和液狀鮮奶油煮沸，倒入備料中。混合後加入栗子碎，以橡皮刮刀攪拌。為5個長22公分、寬4公分，且高4公分的蛋糕模刷上奶油，撒上麵粉，接著將模型倒扣，以去除多餘的麵粉。將麵糊倒入無擠花嘴的擠花袋，接著將麵糊平均擠在模型裡。入烤箱烤1小時。

鏡面

將水和糖煮沸，離火後混入過篩的糖粉。

完成

出爐後，將蛋糕脫模在網架上。

將旋風烤箱的溫度調高至220℃（溫控器7-8）。

用糖栗為蛋糕裝飾，再以糕點刷刷上鏡面。入烤箱烤20秒。放涼後品嚐。

PRARION
帕希翁

Roland Zanin 羅蘭・贊南	3塊蛋糕 每塊6人份	準備：40分鐘 冷藏時間：3小時 加熱：35分鐘

甜酥麵團 La pâte sucrée 奶油300克＋蛋糕圈用奶油 ◆ 麵粉500克＋擀麵用麵粉 ◆ 糖粉190克 ◆ 杏仁粉65克 ◆ 蛋100克 **配料 La garniture** 杏仁含量70%的杏仁膏150克 ◆ 蛋黃106克 ◆ 奶油150克＋模型用奶油 ◆ 細鹽6克 ◆ 未經加工處理的檸檬皮1顆 ◆ 香草糖（sucre vanillé）12克 ◆ 蛋白185克 ◆ 細砂糖150克 ◆ 麵粉185克＋工作檯用麵粉 ◆ 泡打粉3.5克 ◆ 新鮮藍莓450克 **完成 La finition** 糖粉

甜酥麵團

用指尖搓揉奶油和麵粉，直到形成砂礫狀質地。混入糖粉、杏仁粉和蛋，揉合成團。將麵團分成3個，以保鮮膜包起，冷藏3小時。

配料

在裝有攪拌槳的電動攪拌機鋼盆中，攪打杏仁膏和蛋黃。混入切塊奶油、細鹽、檸檬皮和香草糖，攪打。在蛋白中緩緩混入糖，將蛋白打成泡沫狀蛋白霜。將攪拌缸取出，用刮刀將打發蛋白霜分2次混入杏仁膏的混料中，接著是麵粉和泡打粉。輕輕混合，接著將備料倒入裝有9號平口擠花嘴的擠花袋中。為3個直徑16公分且高4.5公分的蛋糕圈刷上奶油，將蛋糕圈擺在鋪有烤盤紙的烤盤上。在撒有麵粉的工作檯上，將第一個甜酥麵團擀至2.5公釐的厚度，套入第一個蛋糕圈，去除多餘的麵皮。其他2個麵團也以同樣方式處理。

將旋風烤箱的溫度調高至160℃（溫控器5-6）。在每個鋪有麵皮的蛋糕圈中擠入100克的配料，均勻地撒上70克的藍莓，再擠入100克的配料，均勻地撒上60克的藍莓，最後鋪上一層100克的配料，撒上20克的藍莓。入烤箱烤35分鐘。

完成

讓蛋糕在蛋糕圈內冷卻後再脫模。撒上過篩的糖粉，在冰涼時品嚐。

藍莓

這道帕希翁，是向從白朗峰（Mont-Blanc）山脈斜坡摘採的藍莓致敬。這些果實成熟得較晚，自八月半才開始在海拔1200至1500公尺處採收。它們是如此多汁、肥美且結實，讓我對這種水果產生了興趣。每年我都會接收摘採者所有收穫的果實，就如同所有新鮮野生（並非經由種植而來）的食材，我們受到變化無常的大自然所支配。

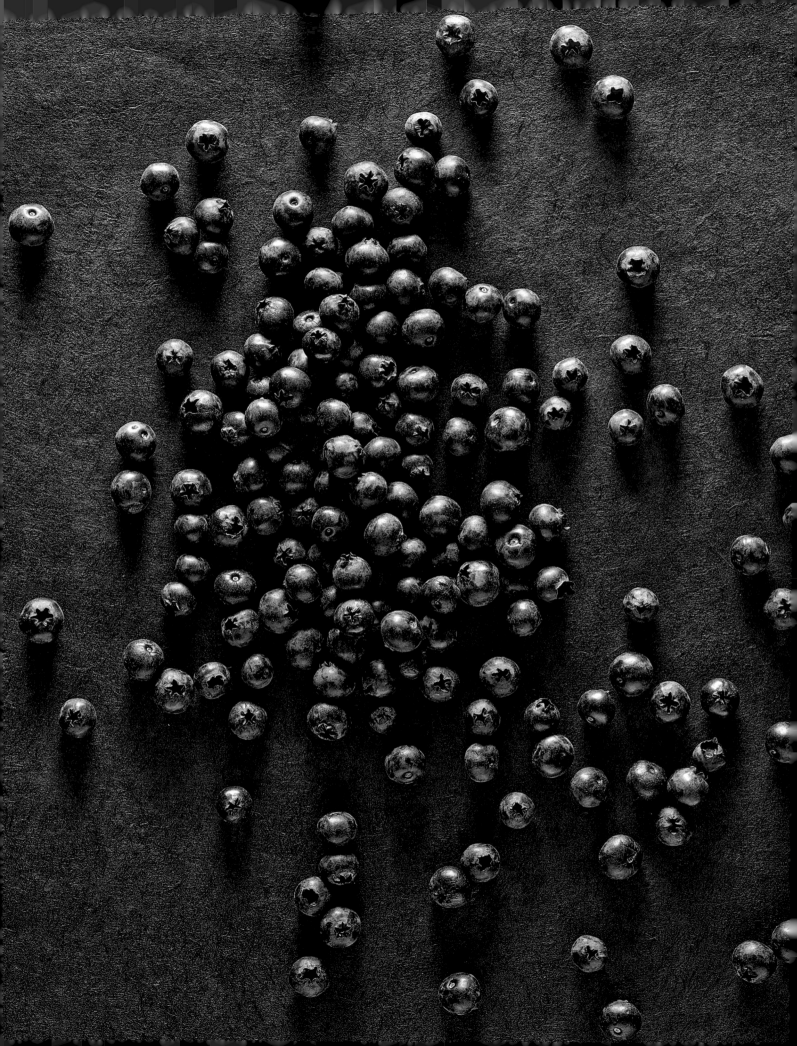

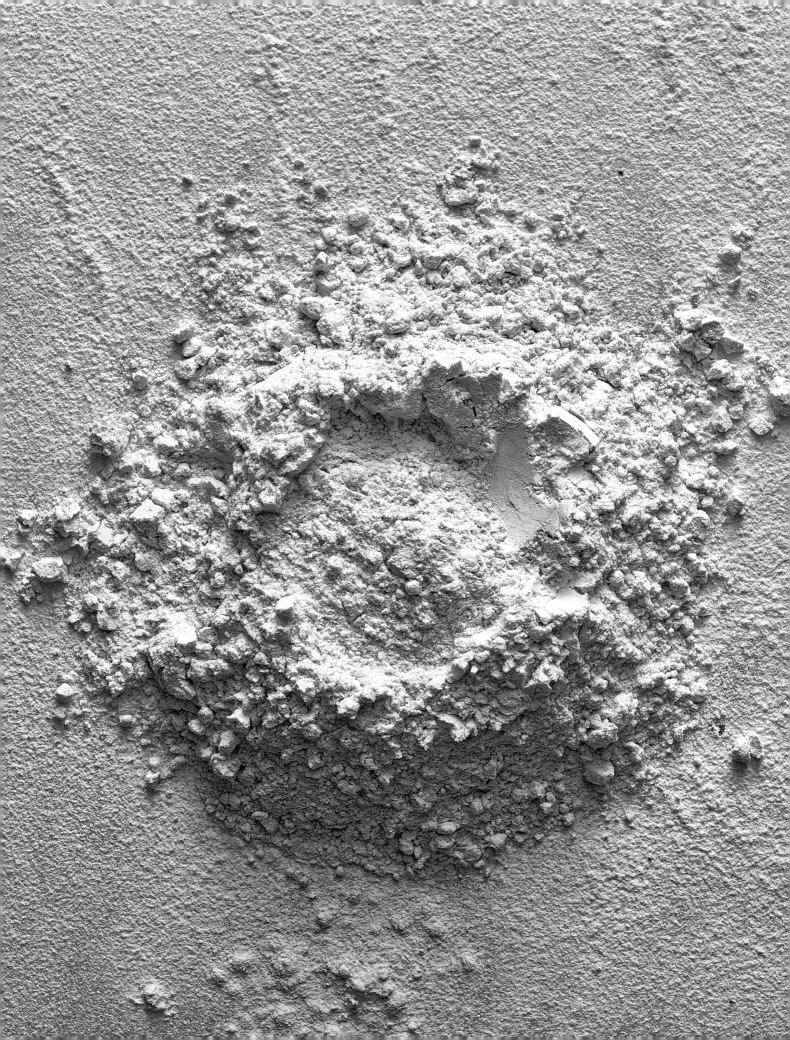

KOUGLOF
咕咕霍夫

Thierry Mulhaupt
堤耶希·穆洛

6至8人份

從前一天開始準備
準備：10分鐘
發酵時間（發酵種 levain）：3小時
浸漬時間（葡萄）：12小時
加熱：50至55分鐘

咕咕霍夫麵團 La pâte du kouglof 新鮮麵包酵母15克 ◆ 牛乳90克 ◆ 麵粉100克＋麵粉200克 ◆ 細砂糖35克 ◆ 細鹽6克 ◆ 蛋125克 ◆ 室溫回軟的奶油200克＋模型用奶油20克 ◆ 前一天以櫻桃酒浸漬的蘇丹娜（sultanine）葡萄乾75克 ◆ 櫻桃酒（隨意，用來讓葡萄乾膨脹）◆ 未去皮的整顆杏仁20克 **完成 La finition** 糖粉20克

咕咕霍夫麵團

先從製作發酵種開始。在攪拌盆中，用牛乳調和剁碎的酵母，接著混入第一次秤重的麵粉，形成發酵種。為攪拌盆蓋上濕布，讓發酵種在約25℃的室溫下發酵1小時。

在發酵種的配料中混入糖、細鹽、蛋和第二次秤重的麵粉。在電動攪拌機的攪拌缸中揉麵10至15分鐘，接著混入軟化的膏狀奶油，繼續揉麵約5分鐘，揉至麵團變得平滑。混入前一天以櫻桃酒浸漬的蘇丹娜葡萄乾。用濕布將麵團蓋起，在約24℃的室溫下發酵1小時。

用冷水浸泡杏仁5分鐘，瀝乾。為直徑22公分的咕咕霍夫模刷上奶油，在模型的每個凹槽裡放入1顆杏仁。將麵團揉成球形，接著用雙手揉圓。將麵團擺入模型中，形成環狀，並仔細壓整表面。讓麵團在約24℃的室溫下發酵1小時，麵團應在模型內體積膨脹為2倍。

將旋風烤箱預熱至180℃（溫控器6），入烤箱烤50至55分鐘。

完成

將咕咕霍夫脫模在網架上，放涼。篩上糖粉並品嚐。

Farine 麵粉

身為阿爾薩斯（Alsace）麵包師的兒子，我從麵粉中強化手藝！對於麵粉還有許多其他的原料，我打的是本地牌。優質的麵粉是蛋糕成功的關鍵之一。我尋求的是強度和彈性，因此較常使用T45麵粉。強度依其主要成分之一：麩質的品質而定。強度高的麵粉（T45、farine de gruau精製白麵粉…）很適合用於泡芙麵糊、發酵麵團 pâtes levées、皮力歐許麵團…麩質越高，越能保留較多的氣體，麵團越容易膨脹。強度低的麵粉較常在砂布列麵團 pâtes sablées、蛋糕體、可麗餅 crêpes等…使用。

PAIN
D'ÉPICES
香料麵包

Norihiko Terai
寺井則彥

5塊蛋糕

前一天開始準備
準備：前一天5分鐘，當天30分鐘
加熱：前一天約40分鐘

第一份麵糊 La première pâte 麵粉50克 ◆ 細砂糖7克 ◆ 水50克 **第二份麵糊 La seconde pâte** 蛋65克 ◆ 未經加工處理的柳橙皮9克（1顆） ◆ 冷杉樹蜜（miel de sapin）230克 ◆ 奶油60克＋模型用奶油 ◆ 麵粉120克＋模型用麵粉 ◆ 杏仁粉90克 ◆ 香料麵包粉6克 ◆ 泡打粉12克 ◆ 牛乳40克 ◆ 糖漬柳橙70克 **鏡面 Le glaçage** 水100克 ◆ 細砂糖135克 ◆ 糖粉350克 **完成 La finition** 杏桃果醬 ◆ 糖漬櫻桃 ◆ 糖漬柳橙 ◆ 糖漬當歸（angélique confite）

第一份麵糊

前一天，在攪拌盆中混合麵粉、糖和水，蓋上布巾，在室溫下靜置至隔天。

第二份麵糊

當天，將旋風烤箱預熱至180℃（溫控器6）。
在攪拌盆中攪打蛋、柳橙皮和蜂蜜，混入前一天製作的第一份麵糊。以小火將奶油加熱至融化。將麵粉、杏仁粉、香料麵包粉和泡打粉過篩，混入備料中，接著加入融化奶油、牛乳和切成邊長3公釐小丁的糖漬柳橙。為5個長22公分、寬4公分，且高4公分的模型刷上奶油，撒上麵粉，接著將模型倒扣以去除多餘的麵粉。將麵糊分裝至模型中，入烤箱烤35分鐘。

鏡面

將水和糖煮沸，離火並混入過篩的糖粉。

完成

出爐後，將蛋糕脫模在網架上。
將旋風烤箱溫度調高至220℃（溫控器8-9）。
以小火加熱杏桃果醬，用網篩過濾，用糕點刷為蛋糕刷上薄薄一層杏桃果醬。依個人靈感以糖漬水果進行裝飾，再用糕點刷上鏡面，入烤箱烤20秒。放涼後品嚐蛋糕。

MADELEINES
瑪德蓮

Aurélien Trottier 歐黑利‧托堤耶	40個瑪德蓮	前一天開始準備 準備：前一天20分鐘，當天15分鐘 加熱：前一天約8分鐘，當天11分鐘 冷藏時間：前一天12小時，當天1小時

麵糊 La pâte 蛋450克 ◆ 細砂糖490克 ◆ 香草莢1根 ◆ 麵粉410克 ◆ 泡打粉25克 ◆ 奶油300克＋模型用室溫回軟的奶油50克

麵糊

前一天，在隔水加熱的攪拌盆中攪打蛋、糖，和從剖半的香草莢中刮下的香草籽，直到溫度達40℃。在麵糊打發至形成緞帶狀時，將攪拌盆從隔水加熱的鍋中取出，繼續攪打至蛋糕冷卻。

將麵粉和泡打粉過篩，接著混入先前的蛋糊中，一邊以刮刀攪拌。將奶油加熱至60℃，倒入麵糊中，接著攪拌至麵糊均勻。用廚房布巾蓋住攪拌盆，在室溫下保存1小時。

用刮刀翻拌麵糊趕出空氣，讓麵糊回復到原本的體積，冷藏保存至隔天。

當天，為瑪德蓮模刷上軟化的膏狀奶油，擺在烤盤上。

將旋風烤箱預熱至170℃（溫控器5-6）。

將裝有麵糊的碗從冰箱中取出，將麵糊攪拌至平滑，接著將冰涼的麵糊倒入無擠花嘴的擠花袋，擠入瑪德蓮模至3/4滿。入烤箱烤11分鐘。

完成

出爐後，將還溫熱的瑪德蓮脫模。放涼後品嚐，或以金屬密封罐保存。

BISCUIT
LORRAIN
洛林蛋糕

| Éric Vergne
艾瑞克・維涅 | 6人份 | 準備：15分鐘
加熱：約1小時 |

蛋糕體 La pâte du biscuit 室溫回軟的奶油25克＋25克＋120克 ◆ 細砂糖50克＋60克＋60克＋120克 ◆ 蛋白200克 ◆ 麵粉135克 **完成 La finition** 糖粉

蛋糕體

為直徑22公分且高5公分的海綿蛋糕模（moule à génoise）刷上第一次秤重的奶油，接著再刷上第二次秤重的奶油。將第一次秤重的糖一次倒入，均勻地鋪在模型的底部和邊緣。將模型對著烤盤紙倒扣輕敲，以去除多餘的糖。保存倒扣出的糖。

將旋風烤箱預熱至160℃（溫控器5-6）。電動攪拌機裝上球狀攪拌棒，蛋白放入攪拌缸中緩緩加入60克的糖，以中速打至發泡。在打至硬性發泡的蛋白霜時，再度緩緩倒入60克的糖。將麵粉和剩餘120克的糖過篩，加進蛋白霜中。混入剩餘120克軟化的膏狀奶油。

將備料倒入海綿蛋糕模至3/4滿。用刮刀將表面抹平，同時小心不要觸及模型邊緣，接著撒上保存在烤盤紙上的糖。

入烤箱烤約1小時。

出爐後，立刻將洛林蛋糕脫模在網架上。

完成

讓洛林蛋糕冷卻，接著篩上糖粉再品嚐。

BISCUITS ROSES
玫瑰餅

Vincent Dallet　　　24塊餅乾　　　準備：30分鐘

文森・達雷　　　　　　　　　　　　加熱：14分鐘

玫瑰餅 La pâte à biscuit rose　蛋250克 ◆ 細砂糖250克 ◆ 天然胭脂紅食用色素5滴 ◆ 麵粉240克 ◆ 泡打粉5克 ◆ 模型用軟化的膏狀奶油 ◆ 糖粉

玫瑰餅

將蛋、糖和食用色素放入攪拌盆中。將攪拌盆放入微滾的水中隔水加熱，攪打蛋和糖，直到取得拉起蛋糕時會形成緞帶狀落下的濃稠狀。將攪拌盆從隔水加熱的鍋中取出，繼續將蛋糕攪打至完全冷卻。

將麵粉和泡打粉過篩，接著輕輕混入冷卻的蛋糕中，一邊以橡皮刮刀攪拌。

將旋風烤箱預熱至180℃（溫控器6）。

為長7.5公分且寬3.5公分的24矽膠連模刷上奶油，將麵糊填入模型中，篩上糖粉。入烤箱烤14分鐘。出爐後，在網架上為餅乾脫模。放涼並盡情地品嚐。

Astuce訣竅

玫瑰餅應入口即化、柔軟，而且不會乾燥。這是和工業製造的玫瑰餅相較下很大的不同處。儘管如此，如果您偏好乾燥的餅乾，可用烤箱以100℃（溫控器3-4）的溫度再烤10分鐘。

VANILLEKIPFERL
香草新月餅乾

Marco Valier
馬可・瓦利耶

約80個香草新月

準備：1小時
冷藏時間：5小時
加熱：28分鐘

麵團 La pâte 榛果粉100克 ◆ 麵粉300克＋工作檯用麵粉 ◆ 奶油250克 ◆ 細砂糖100克 ◆ 細鹽2撮 **完成 La finition**
香草莢1根 ◆ 細砂糖200克

麵團

將旋風烤箱預熱至150℃（溫控器5）。將榛果粉攤平在鋪有烤盤紙的烤盤上。入烤箱烘焙10分鐘，不時翻動。在食物料理機的攪拌缸中攪打麵粉、切塊奶油、烘焙榛果粉、糖和細鹽，取出揉成球狀。分成4個麵團，用保鮮膜包起，冷藏靜置5小時。

將旋風烤箱預熱至160℃（溫控器5-6）。

取下保鮮膜，在撒有麵粉的工作檯上，用掌心分別將麵團搓揉成4條長40公分的條狀。

將每條麵團切成長2公分的段，擺在2個鋪有烤盤紙的烤盤上，將麵團的兩端一一搓揉收緊，形成新月的形狀。

入烤箱烤18分鐘。

完成

將香草莢剖半並刮下籽，混入糖，接著以食物料理機全部打成細粉。為還溫熱的新月餅乾撒上香草糖，放涼並品嚐。請將新月餅乾以密封罐保存在室溫下。

不可或缺的精確細節

Indispensables

◆ ◆ ◆

LES PRÉCISIONS

CUISSON
DU SUCRE
煮糖
（製作焦糖）

1.

以小火開始煮糖漿（水＋糖），讓糖結晶溶解。煮沸後，用濕潤毛刷刷過平底深鍋的內壁，讓結晶不會掉進糖漿。如果發生再結晶的情況，我們稱之為糖「結塊masse」。

2.

在第一次煮沸時，將少許葡萄糖漿（每1公斤的糖，計算30-40%的水和20-30%的葡萄糖）倒入鍋中。如果倒太多，糖不再變硬，焦糖就會黏口。葡萄糖為阻滯劑，可用來控制結晶作用，避免糖結塊，為糖「帶來潤滑效果」。

3.

在160°C時（所謂「金黃blond」焦糖的理想溫度），將鍋子浸入裝有冷水的容器中，以中止烹煮。若您想要較深色的焦糖，可繼續煮至形成想要的顏色。

FONÇAGE
D'UN CERCLE
À TARTE
將塔皮鋪至塔圈底部（入模）
（和盲烤cuisson à blanc）

1.

在撒有麵粉的工作檯上將麵團擀開，裁成直徑超出塔圈
3公分的圓形麵皮。為塔圈刷上奶油，讓麵皮不會沾黏。

2.

將塔圈擺在鋪有烤盤紙的烤盤上，將冰涼的麵皮攤開在
塔圈上。將麵皮塞入塔圈，並用食指和大拇指捏住底
部，以形成直角，並讓麵皮緊密地貼合塔圈的輪廓。將
麵皮的邊緣向外折，並用小刀由內而外切去多餘的麵
皮。用叉子在塔底戳洞。讓麵皮冷藏靜置30分鐘。

3.

在塔底擺上一張鋁箔紙。鋪上豆粒、米或烘焙重石
（billes de cuisson），讓塔的邊緣不會塌下。入烤箱以
170℃（熱度5-6）烤10分鐘。將烤盤取出，把鋁箔紙
及內容物取出。若塔底還有點白，請在沒有鋁箔紙和豆
粒的情況下繼續烘烤10分鐘，直到形成漂亮且均勻的金
黃色。

GANACHE
甘那許

1.

依食譜指示為所有的食材進行秤量。將鮮奶油煮沸，以隔水加熱或微波加熱至巧克力融化。將熱的鮮奶油分3次倒入融化的巧克力中，每次倒入時務必要拌勻。原則同蛋黃醬（美乃滋）的乳化，混料應平滑光亮，而且沒有油水分離的現象。

2.

在混料達35-40℃時，加入冷奶油丁。奶油的作用是用來調和質地，甘那許將因此而呈現乳霜狀。

3.

為了讓乳化作用更完善並充分混入奶油，請用手持式電動攪拌棒攪打。

CRÈME
AU CITRON
檸檬奶油醬

1.

用microplane刨刀在糖的上方刨出檸檬皮,用指尖搓糖
與檸檬皮。檸檬風味會因此滲入糖中並鎖住香氣。

2.

以中火加熱,用力攪打蛋、檸檬汁和檸檬皮、糖等備
料(用打蛋器劃過整個平底深鍋的底部和內壁),以免燒
焦。煮沸約2分鐘,不停攪拌。蛋會從60℃開始凝固,
隨著溫度的升高,奶油醬會變得越來越濃稠。煮沸後,
請將溫度維持在85℃。

3.

將煮好的奶油醬移至不鏽鋼盆,以立即中止烹煮。將溫
度計插入奶油醬中,一達50℃,就加入軟化的膏狀奶
油,接著以手持式電動攪拌棒攪打10分鐘,讓油脂的
分子爆裂,形成濃稠滑順的奶油醬。將保鮮膜緊貼在奶
油醬表面,以免結皮。冷藏保存24小時,讓奶油醬更
穩定。

一旦將奶油醬倒入塔底,就必須用刮刀將奶油醬抹平,
以形成圓頂(如右圖所示)。可呈現:如預期般濃郁的乳
霜狀檸檬塔。

CRÈME
ANGLAISE
英式奶油醬

1.

「附著於匙背 à la nappe」法：（見右圖）用木勺以畫8字形均勻攪拌牛乳、蛋黃、糖和香草等混和物。為了檢查奶油醬是否煮好，用木勺將奶油醬舀起，用手指劃出一條水平線。若奶油醬不會流下並維持您用手指劃出的痕跡，表示奶油醬已完成。

測量法：不斷用打蛋器攪拌，直到溫度達80和85℃之間。您的奶油醬所含的蛋越多，烹煮的時間就必須縮短，因為蛋黃裡含有卵磷脂。這種方式讓烹調更精準且規律。

2.

為了中止烹煮，請將奶油醬移至不鏽鋼盆中，過濾以去除香草莢和凝固的蛋黃微粒（過熟）。將不鏽鋼盆浸入裝滿冷水的容器中，讓奶油醬快速冷卻。

3.

稍微煮過頭的英式奶油醬會出現結塊。為了補救，可用手持式電動攪拌棒攪打至平滑後再放涼。

PÂTE
À CHOUX
泡芙麵糊

1.

製作帶有光澤的平滑泡芙麵糊（見20頁食譜）：在煮沸的混料中一次混入過篩的麵粉，不停攪拌，讓麵粉的分子爆裂，產生糊化。緩緩加入蛋液，讓材料更快也更完美地融合，形成理想的質地。依使用麵粉的吸收力而定，調整蛋的份量。在麵糊落下時，應形成漂亮且不會斷裂的緞帶狀。

2.

為避免烤盤紙在烘烤時掀起，請在烤盤的每個角落用少許麵糊將烤盤紙固定住。如果您是右撇子，請用靠在烤盤上的左手手指固定住擠花嘴，來進行每一次規則的擠壓。這麼做可增加您的穩定度，並讓泡芙的形狀及大小更一致。以同樣的間隔交錯地擠出泡芙麵糊。在擠完每顆泡芙麵糊時，若要將麵糊切斷，請停止按壓，並以手腕做一個畫逗號的動作。

3.

為了形成平滑酥脆的泡芙，請盡可能夾在2張烤盤紙之間擀薄甜酥麵團（泡芙的直徑大小），冷凍後再裁切（脆皮craquelins）。

MONTER
LES BLANCS
打發蛋白

1.

在取出蛋白時，請去除所有的蛋黃微粒，因為蛋黃中的油脂會讓蛋白無法打發。用裝有球狀攪拌棒的電動攪拌機，將蛋白緩慢打發，不停攪打，最後再快速攪打將蛋白霜收緊。攪打時，蛋白中存有的蛋白質分子會爆裂。這樣的蛋白質會將空氣鎖在水中。這就是為何當我們停止攪打時，空氣會再度逸出，蛋白霜會塌下。在此階段，蛋白會起泡。

2.

形成波浪。您會看到打蛋器攪打過的痕跡。

3.

逐步將糖倒入，不停攪拌，速度不變。若您太早加糖，打出的蛋白霜會太軟，難以成形。倒入糖後，持續攪拌幾秒，蛋白此時會變得結實且平滑。將打蛋器拉起，會形成鳥嘴狀（見右頁圖）。立即使用，例如用於蛋糕體（達克瓦茲、杏仁海綿蛋糕…）、慕斯、漂浮之島（île flottante）…

MERINGUE
蛋白霜

1.

法式蛋白霜Meringue française：蛋白打發後，一次倒入糖粉，同時用橡皮刮刀整個舀起，以充分混合。糖粉（過篩以去除結塊）會較快溶化，形成較平滑且更入口即化的蛋白霜。烘烤後立即用於裝飾、蛋白餅、冰淇淋蛋糕（vacherin）…

2.

瑞士蛋白霜Meringue suisse：將電動攪拌機的攪拌缸隔水加熱。持續用力攪打蛋白和糖，直到60℃。達此溫度時，蛋白開始凝固、變得濃稠。將攪拌缸從隔水加熱鍋中取出，用電動攪拌機以中速將蛋白攪打至冷卻並形成鳥嘴狀的蛋白霜，立即加進備料（水果慕斯等…）中使用。

3.

義式蛋白霜Meringue italienne：在起泡的蛋白中，以細流狀加入煮至121℃的糖漿（糖＋水），不停攪打。繼續攪打至蛋白霜冷卻並形成鳥嘴狀。立即加進備料（馬卡龍等…）中使用。

CUISSON
DES COQUES
DE MACARONS
馬卡龍餅殼的製作

1.

製作義式蛋白霜（見42頁和304頁）。將50℃的蛋白霜加入混有部分未打發蛋白的杏仁糖粉 tant pour tant（糖粉＋杏仁粉）中。蛋白霜必須是熱的，因為還是軟的，會較容易混合。在倒入121℃的糖漿後，持續攪打蛋白霜至用手觸碰攪拌缸而不會被燙到時，便可停止攪拌。

2.

使用刮板或橡皮刮刀等混拌馬卡龍麵糊，調節硬度 Macaronner：快速翻拌麵糊以形成緞帶狀，勿過度攪拌，讓馬卡龍可以維持飽滿且平滑。若麵糊因過度攪拌而太稀，馬卡龍在烤盤上會難以成形（會變成橢圓形或不規則形狀）。

3.

觸摸馬卡龍，測試是否結皮：麵糊不應沾黏手指。混入熱的蛋白霜可讓馬卡龍的表面更快乾燥。靜置20幾分鐘，讓麵糊結皮後再入烤箱烘烤。

GLAÇAGE
鏡面

1.

鏡面必須具流動性、均質、無氣泡且微溫。將蛋糕擺在網架上。蛋糕應冷凍，讓鏡面在熱衝擊的作用下快速凝固並附著。

2.

用L型抹刀將鏡面抹平至形成薄薄的一層，甜度會降低。鏡面最重要的是美觀，而不應改變蛋糕的味道。

3.

用L型抹刀刮過蛋糕外緣，將滴下凝固的鏡面去除。

用於小糕點時（見右圖）：用刀尖插住冷凍的小糕點，浸入鏡面中再取出，朝著不鏽鋼盆內緣輕敲，接著擺在網架上。這項技巧快速又有效，可避免浪費鏡面。

TEMPÉRAGE
DU CHOCOLAT
巧克力調溫

巧克力調溫的目的是為了穩定可可脂中存有的小結晶，以形成易於脫模、帶有光澤且硬脆的巧克力。為此，必須讓巧克力歷經適用於每種巧克力的溫度曲線（T1、T2和T3）。讓巧克力在T1（溫度1）融化，接著冷卻至T2（溫度2），在T3（溫度3）穩定下來，這就是調溫的理想溫度。

黑巧克力：T1 50-55℃，T2 28-29℃，T3 31-32℃。
白巧克力：T1 45-50℃，T2 26-27℃，T3 28-29℃。
牛奶巧克力：T1 45-50℃，T2 27-28℃，T3 29-30℃。

1.
大理石板調溫法Tablage au marbre：將巧克力隔水加熱至T1，接著倒在大理石板上。用刮刀鋪開再刮起，從左至右並上下地以連續動作進行，直到溫度達T2。再將巧克力放入不鏽鋼盆中隔水加熱，緩緩加熱至T3。保持警覺，密切注意溫度。

2.
播種法Ensemencement：快速技法，用於少量的巧克力。將2/3的巧克力加熱至T1，接著混入1/3未融化的巧克力，用刮刀攪拌至巧克力塊融化。巧克力溫度須達T3。

3.
為了製作乾淨俐落的裝飾，經調溫並鋪至薄薄一層的巧克力，不應變硬或融化。

CRÈME
MONTÉE
打發鮮奶油

在打發鮮奶油時，打蛋器引進空氣，脂肪微粒會部分乳化、變硬，將空氣困住。這就是為何至少要使用脂肪含量35%以上的鮮奶油，而且使用時才從冰箱中取出，因為冷藏會增加脂肪的黏稠度。若過度攪拌，油水會分離而形成奶油。

1.

在此階段，鮮奶油起泡且蓬鬆，不會太軟或太硬。可混入以水果為基底的備料、英式奶油醬、巧克力慕斯…

2.

若您繼續攪打發泡的鮮奶油，會獲得較結實、穩定的打發鮮奶油，適用於擠花、圓花飾…，打蛋器會在鮮奶油中留下攪打的痕跡。

3.

若您的鮮奶油結粒、稠密度改變且口感油膩，請加入冰涼的液狀鮮奶油，直到形成想要的質地。鮮奶油越是打發，體積越減少。

DRESSAGE
À LA POCHE
擠花裝飾

1.

穗狀 En épis：這是聖多諾黑（saint-honoré）（麵包店老闆發明的糕點），傳統的擠花法，因與麥穗相像而命名。將蛋糕擺在轉盤上，用裝有聖多諾黑擠花嘴的擠花袋，從泡芙基底的中央開始，從上往下擠。開口呈對角線的裝上擠花嘴，並均勻地按壓擠花袋。擠出第一條條紋後，將蛋糕轉向，以反方向擠出第二條條紋，這樣進行擠完整個聖多諾黑表面。

2.

圓花飾 En rosaces：從泡芙內側開始朝蛋糕中央擠出圓弧形條紋，始終保持同樣的按壓力道和姿勢，以形成規則且不間斷的曲線。

3.

曲折狀 En zigzags：從泡芙內側的中央開始，從上到下且從左至右擠出曲折狀條紋。重複同樣的步驟，直到鋪滿聖多諾黑表面。

4.

花瓣狀 En Pétales（右圖）：擠花方式同穗狀裝飾。擠花的手保持不動，讓蛋糕轉動。將擠花嘴置於聖多諾黑中央，均勻地擠壓形成花瓣，稍微轉動蛋糕，再以同樣的手法擠花，直到形成規則的螺旋形。

PRALINÉ
帕林內

1.

將水和糖加熱至115℃。這時加入烘烤榛果，一邊快速攪拌。榛果應裹上充滿光澤的糖漿。混合的時間越長，烹煮的時間越長，糖就越容易重新結晶，同時形成砂礫狀（砂礫狀榛果會用於冰淇淋中）。

2.

若繼續烹煮，糖會重新融化並形成焦糖，榛果會被這焦糖所包覆。將步驟1的糖都融化。

3.

將焦糖榛果移至烤盤紙或烤盤墊上，放涼。

這些黏在一起的榛果可以就這樣直接品嚐，或是用於裝飾、切碎後加入巴黎布列斯特泡芙中。

若要製作傳統帕林內（praliné à l'ancienne），請用食物料理機將冷卻的焦糖榛果打碎：打成粉末，接著釋出的榛果油會形成略帶顆粒的糊狀。帕林內可加入各種果乾來做變化，單一種或綜合（杏仁、開心果、胡桃、花生…）皆可。

ÉCRITURE
AU CORNET
以圓錐紙袋寫字

1.

依想要的圓錐紙袋大小，將一張烤盤紙裁成直角三角形。捏住最長邊的中央，並用另一隻手將紙從直角朝尖端捲起，形成圓錐狀。尖端向內折，將圓錐紙袋封起。

2.

將置於小容器的融化巧克力倒入圓錐紙袋，填至半滿。捏著圓錐紙袋的上緣，將邊緣朝中央折起封好。為了讓圓錐紙袋更平穩，同時也空出手來，可將圓錐紙袋插在裝滿糖的碗中。

3.

滑動法 Méthode glissante：將圓錐紙袋的尖端略為傾斜，一邊均勻按壓，像用筆一樣在基座上寫字。用於硬的基座（巧克力板、奴軋汀、餐盤…）

落下法 Methode tombante：將圓錐紙袋固定在要寫字的表面上方，讓巧克力落下來進行書寫（見右頁圖）。用於過於脆弱而無法觸碰的基座（覆有鏡面的蛋糕…）

速寫主廚肖像

Instantanés

◆　　◆　　◆

LES PORTRAITS

ANDREAS ACHERER
安德烈亞·阿許黑
（義大利）

安德烈亞·阿許黑一直想重振他祖父的麵包店。秉持著這樣的精神，他前往奧地利的維也納，展開糕點的學藝生涯。在歐洲幾間甜點店九年的經驗後，2007年在義大利開了他的第一間店，希望在這裡打造一個色、香、味皆達到完美和諧的空間。

為何是奧地利蘋果酥卷？

這道甜點是提洛爾（Tyrol）南部地區非常受人喜愛的特產，外型簡單，可以多種方式製作，亦可用甜酥麵團、折疊派皮或無發酵薄酥皮做變化。它的麵皮必須薄到可以透過它閱讀報紙！是如此脆弱，無法用手指延展，否則可能會斷裂，只能使用手背。因此，優質食材的選擇和甜點師的熱情都很重要！

ACHERER
Brunico, Bolzano et Perca(Italie)
www.acherer.com

PATRICK AGNELLET
派翠克·阿涅雷
（法國）

總是熱血沸騰並受到熱情所驅使，這位藝術家塑造美味、結合各種口感，並創造出美食。他建築風格大膽且高雅的甜點店，位於安錫湖（lac d'Annecy）對面，讓人想一探其美味且獨特的世界。派翠克·阿涅雷深受此地的美景所吸引，並與此熱愛的環境直接關聯，以令人驚豔的特產向這裡致敬。對安錫人來說，這裡是不可錯過的美食之約！

為何是格斯佩龍 Grospiron?

奧運冠軍埃德加·格斯佩龍（Edgar Grospiron）橫掃全世界所有的滑雪場。我在山頂上和這名讓整個狂熱世代激動不已的天才運動員相遇，產生了令人如此渴望且出乎預料的驚喜。我試圖詮釋他的人格特質，並以味道和口感來重現，因而產生了這道新作品。

PATRICK AGNELLET
Annecy-le-Vieux et La Clusaz
www.patrickagnellet.com

JÉRÔME ALLAMIGEON
傑洪・亞拉米強
（法國）

ALEXANDRES 供應一系列在 Montauban 製作的多種蛋糕和巧克力，從最經典的到最獨特的（如巴卡拉 Baccarat 或精粹 Absolu）一應俱全，而且皆以手工糕點的出色傳統來製作。傑洪・亞拉米強以他在知名甜點店的經驗，和在日本神戶渡過的三年為起點，永不滿足地不斷追尋更新的美味。

為何是小柑橘貝涅餅？
這道食譜的概念來自我多次的旅行與邂逅。我在神戶發現貝涅餅 beignet 的概念（含有糖漬水果內餡的小糕點），接著我在科西嘉島（Corse）品嚐到這些非凡的小柑橘，然後在卡龐特拉（Carpentras）習得 Maison Jouvaud 的製糖技術。這道甜點因而誕生，它是美味和口感的真正激盪，即使是業餘廚師也能輕鬆製作。

ALEXANDRES
Montauban
www.alexandres.fr

DANIEL ALVAREZ
丹尼爾・亞瓦瑞茲
（西班牙）

30 多年來，DALUA 甜點專賣店精選最佳原料（奶油、巧克力、香草…），特別是用來製作其著名的千層派、可頌和餅乾。丹尼爾・亞瓦瑞茲在他的作品中展現如杏仁、柳橙和橄欖油等地中海食材。

為何是米斯特里 Misteri？
《Mystère d'Elche 艾爾切之謎》是自中世紀以來，每年都會在此城市裡上演的戲劇。這道甜點集結了我對糕點和巧克力的熱情，以及我兒時對橘子和杏仁的喜好。我愛上了橘子和杏仁的組合，並搭配不同質地，從味覺的角度來看非常有趣。我對現代和優雅的美學感覺敏銳，這道食譜的優點在於不需要太複雜的技術。

DALUA
Elx (Espagne)
www.a-dalua.com

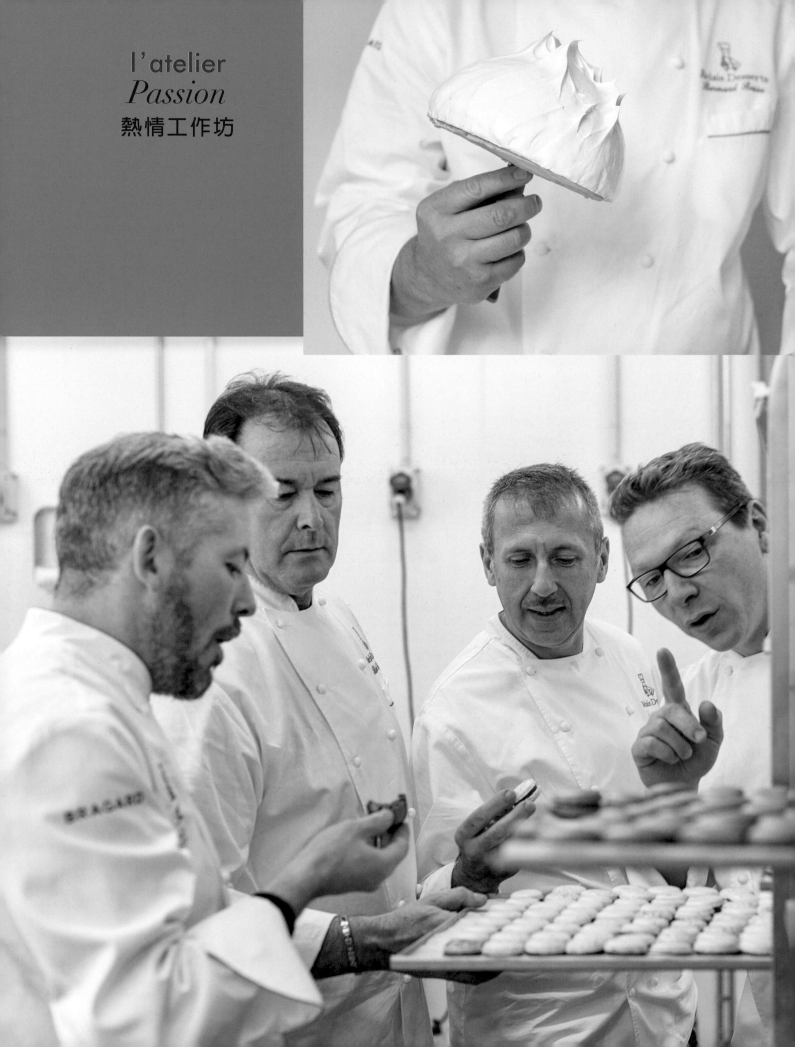

l'atelier
Passion
熱情工作坊

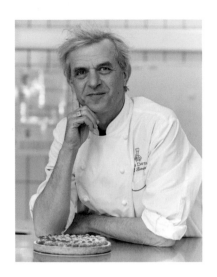

SADAHARU AOKI
青木定治
（法國）

青木定治被認為是日本甜點師中最法國的美食家，他以這樣的信念為樂。在他如珠寶般精雕細琢的作品中，有時展現出令人費解的組合，這米勒（畫家）的門徒結合了現代、苛求和簡單。在法國的糕點傳統中摻入了日本風味，他在改良知名經典作品、構思以基本食材組合，成為最獨特作品方面的技藝出類拔萃，同時添加味道或改變質地，而且永遠都非常精準。

為何是綠竹？

這道販售了15年的代表性蛋糕是我糕點作品的象徵，用來向歐培拉（opéra）致敬，並以異國方式進行改良。我用抹茶（我們的「綠金」）和櫻桃酒來取代咖啡。我的座右銘就是務必要遵循傳統的法式糕點，同時再以一些我國家的味道加以昇華。

SADAHARU AOKI

Paris, Tokyo(Japan)
www.sadaharuaoki.com

MICHEL BANNWARTH
米歇爾・班萬斯
（法國）

自1934年以來，PATISSERIE JACQUES為了用美食製造出最大的喜悅，也為了最忠實的顧客群而相傳三代。「創造味覺的回憶」，這就是甜點師、巧克力師和冰淇淋師們崇高的人生哲學，是店內供應優質食材的保證。為了製作店內經典和特色的產品，該團隊首先致力於挑選品質出色的原料。

為何是覆盆子塔？

外觀質樸，但帶有某種程度的技術性，這道覆盆子塔在我看來就是未來糕點的基礎。這道適合夏季的食譜，強調在適當季節採收並品嚐覆盆子的清爽。

PATISSERIE JACQUES

Mulhouse
www.patisserie-jacques.com

JEAN-PAUL BARDET
尚保羅・巴岱
（法國）

尚保羅・巴岱的 LE SOFILIA 提供了各式各樣，口感從酥脆、柔軟到蓬鬆的美味糕點、巧克力、水果製品，可能是帕林内、蛋糕、糖果或花式小點等形式。「在你的生活中加糖！」－就是這位巧克力甜點師令人愉快的座右銘，他讓巴黎維琪泡芙（Paris-Vichy）成為地方美食的象徵。

為何是塞雷斯當 Célestin？

最早的靈感來自塞雷斯當泉（la source des Célestins）及其圓頂（造訪 Vichy 時不可錯過的景點），這點我也有向當地報紙的專欄作家提及。這道甜點簡單地說就是用酥脆的砂布列麵團來取代折疊麵團，以增添酥脆口感的改良版翻轉蘋果塔。我用焦糖裝飾來修飾塞雷斯當的圓頂。

LE SOFILIA
Vichy
www.le-sofilia.fr

JOËL BAUD
喬艾・波
（法國）

將近十年來，BAUD 甜點專賣店的專業技能、職業熱忱和不斷更新的創意，讓高品質的原料和新鮮度更加增值。喬艾・波依據季節和手工的傳統，持續尋找優質的食材。巧克力、糕點、冰淇淋和熟食產品，都回應了他在味道上的苛求。

為何是貝松廷櫻桃巧克力？

早在 1920 年，就已由喬安内・波（Johanès Baud）推出，成了店内的特色產品並註冊了商標，這項非凡的產品跨越了時間。製作這道甜點需要漫長的工時和大量的勞動，許多手工巧克力師已不再製作這項產品，因為缺乏效益。品質令人滿意的各種新鮮酸櫻桃，年年的供應管理並不容易。因此，我們是出於愛才會繼續製作這道甜點，因為它值得！

BAUD
Besançon
www.baudbesancon.com

ERIC BAUMANN
艾瑞克·波曼

（瑞士）

不管是糖果、糕點，還是熟食，艾瑞克·波曼都提供一系列非常多變的產品，以盡可能滿足他的顧客。他以團隊豐富的經驗和他的專業技能，致力於精挑細選優質且最新鮮的原料。

為何是櫻桃酒派？

這道甜點陪伴了我一生。我最早的櫻桃酒派，是在我七歲與祖母出遊時品嚐到的。它所含的酒精讓人在這次散步的尾聲非常快活！我後來有很多機會可以品味它，不論是在山中小屋，還是在吃完乳酪火鍋或豐盛的晚餐之後。從它具特色的櫻桃香氣可以辨識出當中含有的優質櫻桃酒，最終成品微量的酒精已不會刺激我們的喉嚨。

BAUMANN
Zurich (Suisse)
www.confiserie-baumann.ch

MICHEL BELIN
米歇爾·貝林

（法國）

米歇爾·貝林為法國甜點協會的創始成員，他熱愛在職業中這種創意與尊重傳統的結合。每年供應新的糕點和巧克力，邀請他的顧客來進行一場真正的味覺之旅。他最常從讚頌奧克文化（la culture occitane）的豐富和獨特性的味道或事件中找到他的靈感。

為何是杏仁酥餅？

杏仁酥餅是我們阿爾比Albi地區的代表性甜點。到處都可以找到以同樣的基礎配方（杏仁、糖、蛋和麵粉）製作而成的杏仁酥餅。它們可長時間保持酥脆，搭配冰淇淋非常美味，並為工作中的咖啡休息時刻提供所有需要的慰藉。這種小糕點為大家創造幸福。

MICHEL BELIN
Albi ; Osaka, Nagoya et Hokkaïdo (Japon)
www.michel-belin.com

VIANNEY BELLANGER
維亞尼‧貝隆杰
（法國）

BELLANGER甜點店首重家族史和分享的熱忱。受過培訓的化學工程師維亞尼‧貝隆杰是傑克的兒子，感染了家族的病毒！如今他已確定要接手好味道，傳遞創意與傳統之間的平衡。

為何是橘子夏洛特蛋糕？

重新詮釋我父親具代表性的蛋糕：旋轉木馬夏洛特（Charlotte Carrousel），這是我十年前第一個糕點作品，結合了傳統與現代。令我想起父親擺在桌上假裝是聖誕老人吃過的橘子，我們回家發現只剩橘子皮⋯還有杉樹下的禮物。這很神奇！我喜愛它的清爽、它特殊的香味和罕見。我選擇蒙頓的橘子（有機），因為它非常清新並帶有花香，和巧克力結合，這是清爽和美味的雙贏。

BELLANGER
Le Mans et Tours
www.chocolats-bellanger.com

XAVIER BERGER
贊維耶‧貝爾傑
（法國）

贊維耶‧貝爾傑是巧克力高手。他的天賦讓他躋身優秀工藝師之列。淘氣、大膽、充滿抱負，每天都在巧克力的世界裡，為卓越和創新的追求寫下新的篇章。他用出色的專業技能為美食服務！

為何是脆皮巧克力棒棒糖？

這道食譜是一種重新詮釋我兒時傳統棒棒糖的方式。我選擇來自越南頂級產地的巧克力，因為它的芳香特性非常獨特。我也曾有機會到湄公河三角洲地區，參觀這些可可豆的栽種。

XAVIER BERGER
Pau et Tarbes
www.xavier-berger.com

BERNARD BESSE
貝納 · 貝斯
（法國）

四代相傳的 Chocolatier Borzeix-Besse 專賣店已習慣在視覺和味覺上表現卓越。永遠都擔心能力會受到質疑的他，每年有兩次會重新檢視他四分之三的產品，呈現出新的組合並探索嶄新的味道，以製造驚喜。

為何是火山頂蛋糕？

這道蛋糕的問世已有二十年以上，象徵我們甜點店的蛋糕，其名稱來自位於法國科雷茲省（Corrèze）北部，莫內迪耶爾山地（Massif des Monédières）的山頂。我們重現了這鄰近山峰的半球形，而藍莓以野生狀態在這裡生長著。我們的「藍莓峰」上覆蓋著焦糖蛋白霜，就像火山頂的地形一樣。

CHOCOLATIER BORZEIX-BESSE
Treignac
www.chocolats-borzeix-besse.com

LUIGI BIASETTO
盧奇 · 畢雅塞多
（義大利）

在 BIASETTO 甜點專賣店中，您可品嚐到著名的「Torta Setteveli」，即我們美味的「七層」巧克力蛋糕，這道由團隊呈現的甜點為義大利抱回了 1997 年的世界甜點冠軍。盧奇 · 畢雅塞多在兄弟和妻子的協助下，於此大展身手。他非常注重原料的選擇，而且極其注意每一道產品製作的微小細節。

為何是提拉米蘇？

在全世界都頗受好評的提拉米蘇，配方可追溯至 1970 年代。當時我們為年輕的媽媽們供應這道甜點，目的是為她們補充能量（「提拉米蘇」的意思是「讓我恢復體力」）。我喜歡這道甜點的簡單、容易製作，而且還結合了不同的口感和味道。我選擇供應原版的提拉米蘇。

BIASETTO
Padoue (Italie)
www.pasticceriabiasetto.it

SÉBASTIEN BOUILLET
塞巴斯蒂安·布耶
（法國）

塞巴斯蒂安·布耶屬於新世代甜食的一部分，他充滿活力、熱忱，而且對世界抱持著開放態度。他的工作奠基於味道和美學之間的和諧，對設計狂熱，始終追求創新，他順應潮流，讓自己更能夠改變潮流，並供應大膽的作品，而這也成為他的商標。在他的特色產品中，我們可以列舉出里昂馬卡龍（Maca'Lyon），一種包裹著可口巧克力的鹹奶油焦糖馬卡龍，唇膏（rouges à lèvres）（巧克力）、以及 Bouches B。

為何是聖多諾黑鹹奶油焦糖？

聖多諾黑是傳統糕點中非常受到歡迎的一道，需要對擠花技術真正的掌控。它被視為法國人最愛的糕點之一。但是，法國人從未試著變化這糕點中美味的鮮奶油香醍，我樂於運用味道和口感來重新詮釋這道甜點。砂布列麵團可提供酥脆口感，再加上鹹奶油焦糖奶油餡、少量的馬達加斯加香草…

BOUILLET
Lyon, Tassin-la-Demi-Lune, Miribel et Rillieux-La-Pape ; Tokyo, Osaka et Yokohama (Japon)
www.chocolatier-bouillet.com

SÉBASTIEN BROCARD
賽巴堤安·布洛卡
（法國）

賽巴堤安·布洛卡是五代相傳美食的繼承人，在無數的競賽中聲名大噪。他是 1996 年的法國甜點冠軍，在精緻美味的巧克力和糕點中展現他的天賦和感性。

為何是香菜硬牛軋糖？

硬牛軋糖是我們自 2001 年第一間店開張以來，便開始製作的產品。它通常是一種簡單、酥脆、精緻的美食，並因添加了香菜的芳香碎片而令人驚豔。這道甜點不管是大人還是小孩的饕客們都會欣喜若狂。

MAISON BROCARD
Saint-Genis-Pouilly, Divonne-les-Bains et Val Thoiry
www.sebastien-brocard.com

OLIVIER BUISSON
奧利維耶‧布松
（法國）

自1992年開始，奧利維耶‧布松便設法延續這間，創立於1952年甜點店的價值。從知名的經典到獨創作品、糕點、冰淇淋、巧克力和糖果，都是在現場以優質食材製作。

為何是香草奴軋汀？

奴軋汀（nougatine）是代表性的糕點，見證了在分享大型裝飾糕點（pièce montée）時，這種糖果所引發的狂熱！我的概念來自想為我的顧客，提供環狀形式的奴軋汀，並以多次烹煮的焦糖所製成。這就是一種歡愉，而且絕沒有人會失望！

LE CHARDON BLEU
Saint-Just-Saint-Rambert
www.le-chardonbleu.com

CHRISTOPHE CALDERON
克里斯多夫‧卡德隆
（法國）

在知名甜點店內累積了豐富的經驗後，克里斯多夫‧卡德隆今日在自己的店裡施展他的天賦，而他店內的風格，是依季節變換的節奏和個人靈感變化出一系列的糕點。他對原料的選擇非常嚴格，並喜愛精練的美學，供應的作品具備口感和味道的微妙和諧，並帶有出色的輕盈感。

為何是激情？

我喜歡使用百香果，因為它味道微酸，可以讓牛奶巧克力的味道變得柔和，是完美的搭配。它同時也是一種會令我想起童年的水果，尤其是和我的父母、餐廳同業的旅行，它將我帶到世界各地，品嚐到不同的美味。

CALDERON
Saint-Raphaël
www.calderon-chocolatier.com

FRÉDÉRIC CASSEL
費德烈克·卡塞
（法國）

具現代設計的糕點和帶來微妙慰藉的巧克力茶沙龍，是費德烈克·卡塞精緻且慷慨的珍貴作品。隨著他年度的兩大糕點系列，他重新改良知名的經典作品，並組成令人意想不到的甜點、季節轉瞬即逝的樂趣，都來自他當下的靈感。這樣的天賦為他贏得了2007年年度甜點師的頭銜。

為何是藝蘭卡巧克力手指千層派？

我們的香草版本被選為「2010年法蘭西島最佳千層派」，這道甜點是店裡知名的經典作品，它讓我們聲名遠播至日本。兩年前創造出這道藝蘭卡巧克力的變化版甜點，每個月都有不同的改變，基底是相同的千層派，但會以不同的調味做變化（草莓、焦糖…）。搭配美麗的巧克力甘那許，和酥脆的可可薄片，我想要一道可以輕易切開，而且任何地方都能品嚐的隨身蛋糕。

FRÉDÉRIC CASSEL
Fontainebleau ; Tokyo (Japon) ; Berlin (Allemagne) ;
Casablanca (Maroc) ; Tunis (Tunisie)
www.frederic-cassel.com

ALAIN CHARTIER
亞倫·夏堤耶
（法國）

亞倫·夏堤耶作為冰淇淋兼巧克力師，於2004年在瓦訥定居。2000年的法國最佳冰淇淋工藝師（MOF）、2003年的世界冰淇淋甜點冠軍（Champion du monde des desserts glacés），他供應各種冰淇淋糕點，變化成創意冰杯、創新多層蛋糕、冰淇淋點心，以及地區特色的美味馬卡龍（法式焦糖奶油酥 kouign amann、布列塔尼布丁蛋糕 far breton、鹽之花焦糖等…）、手工糖果和各系列的巧克力。

為何是開心果草莓小泡芙？

小泡芙對甜點師來說就是這麼理所當然，但我還搭配了當地的草莓、結合開心果冰淇淋的各種水果雪酪，以及布列塔尼的乳製品。剛出爐的泡芙，因天然的色素而色彩繽紛，而且酥脆。紅色莓果和開心果或杏仁牛奶之間的神奇聯盟，提供了清爽，和堅果油脂餘味之間的對比。但冰淇淋不只是甜筒中的一球甜點而已，更重要的是，它是以天然優質食材製成的糕點藝術。

ALAIN CHARTIER
Vannes, Theix, Lorient, Carnac et Arzon
www.alainchartier.fr

WILLIAM CURLEY
威廉・科里
（英國）

威廉・科里在皮耶・科夫曼 Pierre Koffmann、馬可皮耶・懷特 Marco Pierre White、雷蒙・布朗克 Raymond Blanc 和馬克・梅胡 Marc Mereau 等知名主廚的圍繞下受訓，結合了完美的技術和組合味道的天賦，這為他贏得不少殊榮。他特別和托斯卡尼的巧克力師合作，盡可能只使用最新鮮天然的食材。

為何是栗子蘭姆蛋糕？

這道甜點正如我們一般的糕點，在重要的「法式」經典技術中摻入了日本的影響。我某次到日本旅行時，受到日本人對栗子的喜愛所啓發。這是道相當簡單的食譜，因此食材的品質會造成重大差異。儘管法式糕點一直是我作品的核心，但倫敦生活特有的文化多樣性，以及對世界發展出的新味道和技術的好奇心，始終是我想像力的來源。

WILLIAM CURLEY
Londres (Grande-Bretagne)
www.williamcurley.com

VINCENT DALLET
文森・達雷
（法國）

26年來，PÂTISSERIE VINCENT DALLET 以最佳產區為出發，在最偉大的傳統中構思出味道微妙的巧克力。文森・達雷在知名甜點店中最出色主廚的身旁受訓，他是味道的純粹主義者，讓卓越和美食共同譜出和諧的協奏曲。他的巧克力糖、原味巧克力、香料糖果、以水果為基底，或是以他果園裡種植的當地植物浸泡液製作的糖果，都成了該地區著名的經典作品。

為何是玫瑰餅？

1690年代，香檳區的麵包師想利用麵包出爐後烤窯的餘熱，於是創造出一種特殊的麵團，在經過第一次烘烤後，繼續留在麵包烤窯裡完成乾燥。「bis-cuit餅乾」一詞，意思是烤二次，這道配方從此不變－這無疑是真正的「bis-cuit」之一。除了它因為添加胭脂紅色素所形成的粉紅色以外，我也喜愛它入口即化的柔軟質地，這代表它手工製作。為了進行乾燥，請用烤箱以100℃烤15分鐘以上。

PÂTISSERIE VINCENT DALLET
Reims et Épernay
www.chocolat-vincentdallet.fr

DALLOYAU
NICOLAS BOUCHER
達洛優－尼可拉・布榭
（法國）

自1682年以來，DALLOYAU的主廚們一心想讓全世界都能探索法式的生活藝術。甜點師、廚師、巧克力師、糖果師、冰淇淋師：將300年的專業技能和熱情都集結在他們的作品當中。尼可拉・布榭在2003年加入DALLOYAU，作為巴斯卡・尼歐 Pascal Niau（法國最佳工藝師MOF）的助手，接著成為創意主廚，最後是甜點行政主廚。該團隊不斷創新法式美食的偉大經典作品，並為了獨特的品嚐體驗而構思未來的商品。

為何是歐培拉？

歐培拉於1955年由DALLOYAU的希里雅克・蓋維翁 Cyriaque Gavillon 所發明。他想打造一種具明顯層次的多層蛋糕，讓人可以一口嚐到多種味道的組合：濃烈的咖啡、香濃的巧克力、杏仁的甜美。他的妻子安卓 Andrée 參考加尼葉 Garnier opéra 歌劇院將它命名為：「opéra」。此後，這道配方歷經幾次的改良以增加濃郁度（減少糖分），在裝飾上也有所進化。主廚們會變化這傳說中的蛋糕以自娛：焦糖覆盆子、占度亞巧克力、抹茶、柚子，或是酸櫻桃開心果歐培拉⋯唯一的限制就是必須美味！

DALLOYAU
Paris, Marseille ; Tokyo, Sendaï, Nagoya et Osaka (Japon), Hong Kong (Chine) ; Dubaï (Émirats arabes unis) ; Bakou (Azernaïdjan)
www.dalloyau.fr

CLAIRE DAMON
克萊兒・戴蒙
（法國）

克萊兒・戴蒙離開她的故鄉奧弗涅（Auvergne），前往 Ladurée 在皮耶・艾曼的身邊接受訓練。她後來加入了布里斯托（Bristol）和雅典娜廣場（Plaza Athénée）等飯店的團隊。2006年，她和大衛・格蘭傑 David Granger 開了一間甜點專賣店，並在這家店中展現她的高標準和創意。這道糕點流露出對基本要素的情感和永不滿足的追求，是真正的歷史傳承。

為何是櫻桃紅唇？

櫻桃紅唇是我自2012年以來糕點的精神象徵，同時結合了多層蛋糕和塔的概念，讓兩種美味可以平等地對話，並提供了口感和味道上的對比。如同中國的瓷器一樣耀眼，它展現出受到時裝設計師庫雷熱（Courrèges）啓發的幾何線條和鮮豔的色彩⋯這樣的結構非常適合我對水果的加工，這就是為何我一整年都會對櫻桃紅唇做出變化：酸櫻桃和開心果、杏桃和野草莓蜂蜜、鳳梨和青檸檬⋯

DES GÂTEAUX ET DU PAIN
Paris
www.desgateauxetdupain.com

JEAN-PHILIPPE DARCIS
尚菲利浦・達西
（比利時）

尚菲利浦・達西在他傑出的專業技能中結合了傳統和創意，他創新食材，目的是無止盡地釋放巧妙、豐富、高貴且精緻的香氣。從細緻的糕點到濃郁的巧克力，從美味的冰淇淋到如成熟水果般入口即化的雪酪，這位「比利時的巧克力大使」走遍全世界的可可種植園，就為了精選最佳的產區。

為何是美祿巧克糖？

這道食譜最重要的是童年，我的童年…在我看來，這顯然是對比利時受人喜愛的小糕點：美祿巧克力派MeloCakes® 的改良。我們選擇用六種不同的味道（馬達加斯加香草、咖啡、焦糖、覆盆子、百香果和比利時焦糖餅乾）來製作。包覆在外的巧克力脆皮，以及內含的膨鬆棉花糖，再加上酥脆的餅乾，造就了這道甜點的成功。更棒的是，這道甜點隨時都可以品嚐！

DARCIS
Bruxelles, Liège, Namur et Verviers (Belgique)
www.darcis.com

JÉRÔME DE OLIVEIRA
杰宏姆・奧利維哈
（法國）

杰宏姆・奧利維哈2004年畢業於伊桑若高等甜點專科學院（l'Ecole nationale superieure de la Patisserie d'Yssingeaux），最早在塞巴斯蒂安・布耶 Sébastien Bouillet 的店裡奮戰，接著繼續和雅典娜廣場飯店（Plaza Athénée）的克里斯多福・密夏拉克 Christophe Michalak 學習卓越，之後在2009年成為全世界最年輕的甜點冠軍，那時他才23歲。2011年，開了他的第一家店和他的「美食沙龍」，展示他創意的珠寶盒。

為何是太陽檸檬蛋白霜塔？

這是我最愛的糕點！沒有比平衡良好的優質檸檬蛋白霜塔更好的東西了，而且在這個孕育我並生長柑橘水果的地區裡，沒有比這更天然。我想製造一種一眼看去，就像是看到無所不在太陽般的視覺效果。酥餅提供了酥脆口感，奶油餡是滑順感，蛋白霜是清脆。在這道檸檬無所不在的食譜中，清爽和清新就是關鍵字。

INTUITIONS
Cannes et Cagnes-sur-Mer
www.patisserie-intuitions.com

ARTHUR DE ROUW
亞瑟‧德盧
（荷蘭）

五十多年的名店：德盧，其目標就在於這三個詞：品質、手工和服務，而且都很滿足於提供不斷更新的樂趣！在工作坊裡和團隊一起製作鹹甜食譜的亞瑟‧德盧，展現出身為甜點師的同理心，德盧的糕點也參加了生態保育的運動。

為何是艾德沃卡蛋糕 Advocaat？
就如同我們的奴軋汀塔（tarte à la nougatine）或我們的「香腸麵包 pain à la saucisse」，這道艾德沃卡蛋糕的設計和成分都非常精良，是我們店內的基準。非常濃稠、香甜且含有酒精的蛋奶酒，經常用於荷蘭和德國的甜點中。

DE ROUW
Vught (Pays-Bas)
www.derouw.nl

LAURENT DUCHÊNE
洛洪‧杜榭
（法國）

「糕點必須能夠迸發出美味、情感和美感」，這個充滿抱負的信條正如同洛洪‧杜榭的工作。這位風雅之士親自精心挑選他的原料，喜愛更新口味、顛覆傳統，在保存味道和口感的平衡當中，提供創新的作品。

為何是帕林內可頌？
四年前，我們為巧克力沙龍展（le Salon du chocolat）打造了帕林內可頌。我們想要一道巧克力可頌，而且覺得結合自製的帕林內內餡會很有趣，可以為可頌賦予柔軟質地的夾心。這款維也納麵包後來成了我們最暢銷的商品之一。

LAURENT DUCHÊNE
Paris
www.laurent-duchene.com

L'ATELIER
Échange
交流工作坊

MARC DUCOBU
馬克・杜可布
（比利時）

在馬克・杜可布調和樂趣與專業技能之時，他便為他自2003年創立的甜點、巧克力與冰淇淋專賣店的愛好者，提供了各式各樣的甜食，而這些愛好者不但為數眾多，而且也很忠實。這名主廚的靈感大多來自海外旅遊，尤其是日本，他不斷研發他的糕點作品。他是比利時的巧克力大使，「甜食與蛋糕 Sucre et Entremets」種類的比利時冠軍，並獲得3次世界大賽的資格。他熱愛挑戰，而且會無止盡地改良偉大的經典作品。

為何是蘋果條？

我是翻轉蘋果塔的重度愛好者，我在尋找一種獨特的方式來變化這道食譜。我想用奶酥讓它變得更酥脆，並用輕奶油醬的甜美來烘托焦糖蘋果。蘋果條由三個蘋果圓頂所構成，為它賦予與眾不同且更耀眼的視覺效果。就像禁果一樣，只要咬下去就對了！

DUCOBU
Waterloo (Belgique)
www.ducobu.be

PASCAL DUPUY
巴斯卡・杜皮
（挪威）

巴斯卡・杜皮自1995年來創立於挪威的甜點店是不可錯過的景點，尤其是位於被歸類為歷史紀念建築的區域，但更重要的還是因為其美味作品的品質。許多人將他視為法式經典技藝和專業技能的代言人。

為何是火辣蛋糕？

這道辣椒巧克力蛋糕的創造，是為了替我們的可可甜點系列增添些許與眾不同的風情。它立刻成為最受喜愛的蛋糕之一。由巧克力蛋糕體、可可脂含量70%的瓜納拉巧克力慕斯，和「火辣」巧克力奶油餡所組成，再蓋上黑巧克力鏡面。很適合喜歡可可和強烈感受的甜點愛好者。

PASCAL
Oslo (Norvège)
www.pascal.no

ÉRIC ESCOBAR
艾瑞克・艾斯科巴
（法國）

兩代出身的巧克力糕點師，艾瑞克・艾斯科巴將他的專業技能奉獻於卓越，特別是蒙特利馬（Montélimar）之星：牛軋糖。一種質地稠密柔軟的甜食，本店以創新的作品做出變化，讓人幾乎難以抗拒！

為何是蒙特利馬牛軋糖？

在我們創立於牛軋糖之都中心超過五十年的店裡，這個世界聞名的產品就是讓人無法錯過。我是如此喜愛這高貴的糖果，因此使用地區性的珍寶來製作，例如普羅旺斯的薰衣草蜜和杏仁。

ESCOBAR
Montélimar
www.escobargourmandises.fr

MICHEL GALLOYER
米歇爾・加羅耶
（法國）

米歇爾・加羅耶在貝萊姆（Bellême）開了第一家店，幾年後又在翠安儂（Trianon）開了第二家，後者很快就成為了昂熱（Angers）地區的指標。這名環球旅人的信念—品質、創新和交流—讓他培養出今日在全世界發光發熱的大師級專業技能。這間麵包甜點店提供十種麵包、維也納麵包、甜點、塔派和水果蛋糕…可供選擇。他秉持著法國甜點協會傳承的精神從事他的工作。

為何是杏桃千層塔？

這道有著焦糖折疊派皮的杏桃塔，每日作為維也納麵包販售。它酥脆的部分讓人可以當作點心食用，也可以在一餐的最後，搭配甜（moelleux）或半甜（demi-sec）白酒享用。借用其愛好者的話來說，這道塔「根本所向披靡」！

LE GRENIER À PAIN
Paris, Levallois-Perret, Vanves, Boulogne-Billancourt, Sèvres, Poissy, Changé, Trélazé, Avrillé, Le Trianon à Angers, Les Ponts-de-Cés, Rennes, Le Rheu, Sainte-Luce-sur-Loire, Nantes, Ploërmel, La Baule, Annecy et Royan ; Bucarest (Roumanie) ; Moscou et Saint-Pétersbourg (Russie) ; Beyrouth (Liban) ; Astana (Kazakhstan) ; Djeddah (Arabie Saoudite) ; Pékin (Chine) ; Tokyo (Japon) ; Nairobi (Kenya)
www.legrenierapain.com

PATRICK GELENCSER
派翠克·蓋倫塞
（法國）

自1956年以來，三代相傳的PATRICK GELENCSER為老饕和美食家創造幸福。享有如此盛名的理由為何？食材的品質結合專業的手工技術，再加上在糕點和巧克力領域不斷創新的毅力。聽派翠克·蓋倫塞談論巧克力和品嚐巧克力，完全是不一樣的體驗。他親自烘焙可可豆，就為了實現他製作這「黑金」的夢想，他提供的是獨特且味道濃郁的手工巧克力。

為何是巧克力豆餅乾？

我的妻子瓦萊麗Valérie來自美國：這些餅乾因而成了店裡的經典。這種餅乾的美味、不規則的形狀，以及烘烤時散發出來的氣味，都將我們帶回童年，而且會令孩童的眼睛發亮。簡單製作，新手甜點師也能完成，可作為點心或慶生用，並以彩色或單純以巧克力豆進行裝飾。它們就是分享和好客的同義詞。

PATRICK GELENCSER
La Roche-sur-Yon, Chantonnay, Les Sables-d'Olonne et Challans
www.chocolats-gelencser.com

MAËLIG GEORGELIN
馬耶李格·喬治林
（法國）

在六邊形（Hexagone）餐廳和海外十幾年的美食遊歷，以及與知名米其林星級主廚或法國最佳工藝師（MOF）共事等經歷之後，這名年輕的甜點師兼巧克力師在莫爾比昂（Morbihan）定居。2009年，他和姐妹艾梅林Émeline開了一家店，名稱譯自他布列塔尼的名字。在店裡供應味道獨特、創新且色彩繽紛的作品，靈感來自他的旅行。他是《我的糕點作坊Mes ateliers de pâtisserie》的作者，靈感源於在埃泰學院（école à Étel）裡授課。

為何是布雷茲千層派？

這是一道經典的甜點，我們用美麗的梭形，和香草滑順奶油醬小點，讓它變得美味。我們也用鹹奶油焦糖和鹽之花香煎蘋果，為它賦予布列塔尼的風味。亦可用洋梨、榲桲（coing）或覆盆子，變化成其他同樣可口的版本。

AU PETIT PRINCE
Étel, Baud, Auray et Carnac-Plage
www.aupetitprince-etel.fr

THIERRY GILG
堤耶希·吉格
（法國）

堤耶希·吉格在知名主廚身旁學習了許多經驗後，於2000年接掌家族企業，成為第三代的甜點師代表。在他熱情的糕點裝飾中，吉格用地區特產來搭配既巧妙又創新的作品。

為何是抹茶巧克力青玉蛋糕？

2004年，我為了加入法國甜點協會而在示範講解中創造了抹茶巧克力青玉蛋糕。後來，這道我非常興奮能分享其配方的多層蛋糕，在我們店裡獲得了全數的贊同。雙重的成功！

PÂTISSERIE GILG
Muntser, Colmar et Ribeauvillé
www.patisserie-gilg.com

VOLKER GMEINER
沃克·傑梅涅
（德國）

從種植水果到酒精，變化成一系列的糕點和糖果，這裡的一切都讓招牌產品帶有店內的質樸和詩意。令人想起臨近的黑森林，由沃克·傑梅涅製作的同名巧克力蛋糕就是這麼神奇！

為何是蛋白餅？

蛋白餅是德國知名的經典美食之一。簡單而輕盈，也充分代表了我的糕點哲學。

GMEINER CONFISERIE & KAFFEEHAUS
Baden-Baden, Oberkirch, Offenburg, Stuttgart, Freiburg, Frankfurt (Allemagne)
www.chocolatier.de

FRANÇOIS GRANGER
方索瓦‧格蘭杰
（法國）

方索瓦‧格蘭杰具備在法國和韓國首爾知名機構工作的豐富經驗，後來在他為其特產發揚光大的地區安定下來。他的愛之井（Puits d'amour）或大鼻子情聖糖（Gourmandises de Cyrano）在整個佩里戈爾（Périgord）地區都非常聞名。

為何是達朵派？
隨著時間，無麩質的達朵派已成為我們的「必需品」之一，我們為它註冊了商標並將它視為典範，這是貝哲哈克和我們店裡的代表性糕點。原味的配方是我學習的經緯。這些年來，我極為重視原料，並稍微變化了一下食譜。

PÂTISSERIE FRANÇOIS
Bergerac
www.patisserie-francois.com

VINCENT GUERLAIS
文森‧加爾雷
（法國）

「文森‧加爾雷，味蕾的煽動分子，始自1997年」：寫在創意與概念並重，糕點實驗室牆上的一句話。從知名的經典作品（巧克力、糖果、馬卡龍、多層蛋糕、蛋糕⋯）到創新的特色產品（加爾雷糖Guerlingots、味蕾覺醒Éveil des papilles、巧克力尺Mètre chocolatier、小奶油P'tit beurre），關鍵字就是對恰到好處味道的追尋。

為何是馬卡龍迷你塔？
我特別喜愛這道甜點，用同一項作品來滿足馬卡龍和迷你塔愛好者的概念，結合砂布列麵團的酥脆、馬卡龍的柔軟，以及水果的微酸。

VINCENT GUERLAIS
Nantes, Carquefou et La Chapelle-sur-Erdre
www.vincentguerlais.com

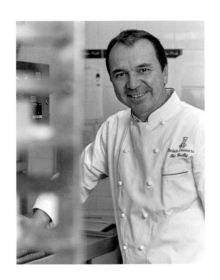

LUC GUILLET
盧克·吉列

（法國）

自1962年以來，LUC GUILLET培養出一項獨特的傳統，就是拒絕在食材上讓步，並以天然的味道為優先。盧克·吉列每天都重新改良家族配方，遵循手工專業技能，同時發展出新的味道組合。

為何是林間塔？

在我心中，林間塔是非常珍貴的，為了打造這道甜點，我們使用此地最優質的食材之一，即核桃。它來自韋科爾（Vercors）山腳下聖讓（Saint-Jean），和魯瓦昂地區奧里奧（Oriol-en-Royans）之間的家族胡桃林，這可保證其品質，而且沒有經過任何的加工。它的味道結合焦糖的甜和咖啡的苦，讓林間塔成為我們店裡的特色產品。每個世代都提供些許的現代化，與傳統、卓越和「時代潮流」連結。

LUC GUILLET
Romans-sur-Isère et Valence
www.guillet.com

ALBAN GUILMET
阿爾邦·吉梅

（法國）

阿爾邦·吉梅的糕點首重美食史和出色的製程！非常年輕就對這一行充滿熱情的他，先是到巴黎在Maison Fauchon店裡探索「頂尖糕點」，接著在皮耶·艾曼身邊工作了五年。來自諾曼第的他於2011年在康城創立了自己的企業，他的抱負是構思出既美觀又獨特，也可口的糕點，同時也重視使用的原料。

為何是諾曼優格？

我希望能供應一種結合不同口感和味道的甜點，並依據我個人的口味，要能反映出我的家鄉諾曼第的特色：蘋果、鮮奶油和焦糖。

ALBAN GUILMET
Caen
www.albanguilmet.fr

PIERRE-YVES HÉNAFF

皮耶依夫·海納夫

（法國）

C.CHOCOLAT是家族的冒險，並因團隊所有人的經驗和性格而獲得充實。在全是玻璃窗的實驗室中心有一個一流的巧克力區。店裡的這些巧克力師充滿熱情、靈感，而且不斷追求卓越，將可可豆變化成馬卡龍、巧克力棒、精緻的糕點…

為何是紙包鹹奶油焦糖？

我鑽研這道我們地區的特色食譜已經很長一段時間，就為了取得完美的味道和口感。它是我們店裡非常具代表性的產品，因為會將它變化成各種形式：巧克力糖、巧克力棒、馬卡龍、蛋糕或是麵包抹醬。我很常使用鹹焦糖來為各種單品調味，因為它的味道提供了圓潤和美味。

C.CHOCOLAT
Quimper, Brest et Guipavas
www.cchocolat.com

PIERRE HERMÉ

皮耶·艾曼

（法國）

阿爾薩斯四代麵包糕點師的繼承人皮耶·艾曼，在賈斯東·雷諾特 Gaston Lenôtre 身旁展開他的職業生涯。此後，他獨特的工作方式動搖了最根深蒂固的傳統。在他遍及法國和全世界的商店與專櫃中，全年都會發布「Fetish」系列主題商品，即以他最愛的味道為靈感的美味甜點作品。他的招牌糕點（Ispahan、Plaisirs Sucrés、2000 feuilles）讓常客們大快朵頤。

為何是伊斯帕罕 Ispahan？

真正充滿異國風情的甜食誘惑，豐富的感官享受，伊斯帕罕跨越了不同的季節和時代。我發現在1984年代遍及保加利亞料理和糕點的玫瑰，它的味道是如此新穎且美味。我設計了第一道糕點：Paradis，選用玫瑰的甜美來搭配覆盆子的野性。1997年，我添加了荔枝。伴隨著玫瑰香，這道甜點變得如此理所當然。將這三重奏與柔軟的馬卡龍相結合，我們店裡的代表性糕點就此誕生。

PIERRE HERMÉ
Paris, La Vallée Village, Strasbourg et Nice ; Cologne (Allemagne) ; Londres (Royaume-Uni) ; Doha (Qatar) ; Dubaï (Émirats arabes unis) ; Djeddah (Arabie saoudite) ; Tokyo, Kobé et Kyoto (Japon) ; Macau (Chine) ; Séoul (Corée du Sud) ; Hong Kong (Chine) ; Bangkok (Thaïlande)
www.pierreherme.com

JEAN-PAUL HÉVIN
尚‐保羅‧艾凡
（法國）

巧克力就是他的宇宙、他的熱情。1986年獲選為法國最佳工藝師（MOF），尚‐保羅‧艾凡是美味主義者。從他在喬埃‧侯布雄 Joël Robuchon 身邊受訓至今，這名巧克力師建立了忠於巧克力的帝國，從最純粹的巧克力到最精心的搭配。三十幾種巧克力磚的收藏、以頂級可可產地製成的巧克力馬卡龍…有如此多令人難以抗拒的美味。

為何是「約定」巧克力塔？

這道我們兒時的甜點對我來說，是糕點兼巧克力師的手藝呈現：輕薄的酥脆塔皮麵團，以及杏仁堅果酥，和以最優質可可製作的濃烈黑巧克力甘那許，在濃稠絲滑之間的成功搭配。為了讓這個組合能夠在品嚐時帶來最強烈的快樂，關鍵就在於細心烘焙、絕佳的新鮮度…還有愛。

JEAN-PAUL HÉVIN
Paris (France) ; Kyoto, Sapporo, Tokyo, Urawa, Hiroshima, Fukuoka, Miyagi (Japon) ; Taïwan (Taipei) ; Shanghai (Chine)
www.jeanpaulhevin.com

DANIEL HUE
丹尼‧華
（法國）

手工甜點師丹尼‧華特別以其可口的多層蛋糕、蛋白餅和砂布列塔皮而聞名。他喜歡為顧客保留驚喜。人們來到他店裡尋找甜點、巧克力，以及送禮的點子。

為何是櫻桃克拉芙緹？

最重要的是，這道食譜是家族甜點，包含所有我們和祖父母、父母或朋友一起分享美食時的回憶。誰沒有在櫻桃盛產季節製作過克拉芙緹呢？容易製作而且不貴，它對我們來說就像是普魯斯特（Proust）的瑪德蓮一樣，帶有思鄉的情懷。

PARFUMS SUCRÉS
Angoulême, Ruelle et Soyaux

PIERRE JOUVAUD
皮耶·朱佛
（法國）

MAISON JOUVAUD 是世代相傳的糕點店。「糕點，是一種氣味、味道、微酸的細微口味、少許的糖、很多的幸福；這與家庭和祕密有關，但這是關於甜食的祕密！」喬安那·瑪希 Jeanne-Marie 和皮耶因此供應口味細緻的糕點、巧克力、糖果、糖漬水果…以及全世界的家飾品，來延續家族傳承。

為何是糖漬小柑橘？
比任何其他的糖果都更加突出的糖漬水果，是普羅旺斯美食的基礎之一。除了味道非常特殊外，這是一項非常需要延續的傳統技術，我們尤其希望能讓更多人發現它的美味。

MAISON JOUVAUD
Carpentras, Avignon et Isle-sur-la-Sorgue ; Tokyo (Japon)
www.patisserie-jouvaud.com

YOSHIAKI KANEKO
金子美明
（日本）

金子美明在東京的雷諾特（Lenôtre）展開他的職業生涯。在如 Ladurée 或雅典娜飯店（Plaza Athénée）等法國知名糕點店，和巴黎豪華飯店待過幾年後，2003 年在東京，接著是 2013 年在凡爾賽開了自己的店。這名日本甜點師供應的是既現代又尊重法式糕點基礎的作品。

為何是夾心煎餅？
在我還小的時候，日本還不是真的很熟悉歐洲的糕點，但我的父親經常在下班後購買靠近他公司的煎餅給我。它的形狀扁平而輕薄，但如三明治般夾著的奶油醬令我深深著迷！

PARIS S'ÉVEILLE
Tokyo (Japon)

AU CHANT DU COQ
Versailles

HIDEKI KAWAMURA
川村英樹
（日本）

川村英樹在非常年輕時就對糕點充滿熱情，他在東京的王子飯店（Prince Hôtel）經主廚後藤純一的調教下磨練技藝，後來也到比利時一年以精進他的技術。他是國際競賽的常客，特別在1997年的法國盃贏得了拉糖項目。2001年開始，成為東京極為知名糕點店的負責人。

為何是檸檬砂布列？

我在法國工作的居留期間，發現餐廳裡會供應檸檬砂布列作為餐後的小點心。在法國吃到的檸檬砂布列比我的版本更小也更簡單，但我保留了格外美味的餅乾回憶，並將食譜以我的方式進行變化。

À TES SOUHAITS
Tokyo (Japon)
www.atessouhaits.co.jp

JOHN KRAUS
尚·克勞斯
（美國）

尚·克勞斯於美國的肯塔基州（Kentucky），在菸草田、玉米田和蘋果園的圍繞下長大。儘管他曾任職於著名的米其林星級餐廳，但他喜愛的是質樸的料理。在結合優雅和簡單的風格中，他使用地區性的食材，特別是依循季節而使用不同的水果。

為何是輕盈檸檬塔？

這是美國甜點重要的標準之一，經常帶有家族色彩，並具備水果塔的深厚傳統。我們製作的是自己的版本，是歐洲和美國之間的橋樑，如同屬於新糕點潮流的蛋糕，並提供非常輕盈的檸檬慕斯，和同樣以檸檬調味的蛋白霜。全部以柑橘水果打造，並減少糖分，這就是愛好者所期待的。我喜歡不同口感的搭配，以及品嚐時酸與甜之間的平衡。

PÂTISSERIE 46 ET ROSE STREET
Minneapolis (États-Unis)
www.patisserie46.com

L'ATELIER
Transmission

傳承工作坊

PASCAL LAC
巴斯卡·拉克
（法國）

20幾年來受到尼斯的美食家及同行所認可（榮獲4次的法國巧克力「Meilleur des meilleurs」獎，並由法國巧克力愛好者俱樂部Club des Croqueurs de chocolat從20名最優秀的巧克力師中選出「不可錯過的巧克力師」）。巴斯卡·拉克在味道的展現上表現出色，不耍花招，他讓水果的味道更加濃郁、提升口感，並讚揚最頂級的巧克力產區…

為何是焦糖誘惑？

我為了某次在布達佩斯的示範講解而打造了這道食譜。這個味道簡單而純粹、多種口感（奶油餡、酥片和慕斯）和巧克力的組合，在這道秋天的食譜中聚集了所有我喜愛的元素。

MAISON LAC
Nice et Saint-Laurent-du-Var
www.patisseries-lac.com

ARNAUD LARHER
阿諾·拉赫
（法國）

在蒙馬特的高地上，阿諾·拉赫在舊畫廊裡設立他的第一家店，之後又再開了兩間店。他是完美主義者，不斷改善他的作品、採用更明確的方式、培養創造力，而且每天會品嚐10數次。他因此而敢於做巧妙的搭配，美味地結合放肆與傳統。

為何是蒙馬特磚形蛋糕？

我想製作代表蒙馬特的旅行糕點，讓觀光客能夠帶回關於這美妙地方的回憶，以及巴黎的磚瓦。

為何是芭芭？

我想製作「我的芭芭」。全世界的糕點師都嘗試過製作芭芭，但我的必須獨特、具有不同的風貌、勾起人的慾望、讓人食指大動，這正是最困難的地方。它是成功的賭注，因為我的芭芭和其他人的不同，不論是在視覺還是味覺上。既柔軟又美味，我很驕傲！

ARNAUD LARHER
Paris
www.arnaud-larher.com

◆

LAURENT LE DANIEL
洛宏‧丹尼爾
（法國）

洛宏‧丹尼爾從Christian Le Guennec的店，到最知名機構裡學習手藝，並透過在法國國家糕點學院（l'École nationale de pâtisserie）的教學經驗，如今已能應付各種挑戰。1988年創立了他自己的「糕點專賣店」，這名MOF（法國最佳工藝師）保留他對苛求和精準的關切。結合傳統與創意，他的糕點、巧克力冰淇淋和雞尾酒作品，為布列塔尼的特產增添光彩。

為何是蘋果塔？
我們店裡的「暢銷品」！這道非典型的塔，非常汁多味美，因為適當糖漬的蘋果，以及經完美烘焙且入口即化的酥脆塔皮麵團，而有不同的展現。組裝後不再進行烘烤，因為所有的素材在組合之前就已經製作完成。為了能夠完美地呈現，蘋果、鹹焦糖和酥脆塔皮麵團，都必須維持非常良好的平衡。每個細節都很重要：選擇硬質且微酸的蘋果；焦糖精準的色澤，味道和口感必須維持同樣的水準；再加上烘烤酥脆塔皮麵團的完美掌控。

LAURENT LE DANIEL
Rennes
www.patisserieledaniel.fr

LUCA MANNORI
路卡‧馬諾里
（義大利）

路卡‧馬諾里將新的味道與其精通的經驗，和專業技能相結合。這家店亦供應許多他的特色產品：義式柯堤脆餅（biscotti di Prato）（該城市代表性的餅乾）、鴿子麵包（colomba）和水果麵包潘尼多妮（panettone），以及塔派與其他的傳統甜點。他以七層蛋糕（Torta Setteveli）贏得了1997年的世界糕點冠軍，他也是2004年被選為「全球最佳糕點書」—《Come musica》的作者。2016年，他出版了《Pianeta cioccolato》。

為何是金字塔可頌？
這道食譜來自我對巧克力的熱情，以及我對完美和獨特的追求。獨特的金字塔外觀是這道甜食命名的由來，並屬於法式維也納麵包的創新。

PASTICCERIA MANNORI
Prato (Italie)
www.pasticceriamannoriprato.it
www.mannoriluca.com

ARNAUD MARQUET
阿諾‧馬蓋
（法國）

在1981年由亞邦‧馬蓋（Alban Marquet）創立的這家店中，糕點是四代相傳的家族事業。阿諾‧馬蓋接續其父親，管理位於阿卡雄盆地的兩間店。在不可錯過的可麗露和馬卡龍當中，家族的作品變化成杜涅特（Dunettes）、琵拉沙丘（Dune du Pyla）或冰淇淋船（Pinasse glacée），像是邀請人們前往探索該地區的美味。

為何是波爾多可麗露？

可麗露？多麼理所當然！我打從一出生就上了癮。我的祖父是波爾多可麗露協會的領導人。在我還小時，就在他身旁參與各項慶典。至於我的父親則很懂得讓這種小糕點在阿卡雄盆地變得普及，我們可以將它帶到船上或沙灘上。「沒有比我們山坡的葡萄酒更美味的葡萄酒，沒有比波爾多的可麗露更美味的可麗露」，這就是可麗露協會開始運作後，邀請人們每天吃一個可麗露的名句，也是我奉行的格言！

PÂTISSERIE MARQUET
La Teste-de-Buch et Arcachon
www.patisserie-marquet.fr

IGINIO MASSARI
伊吉尼歐‧馬薩里
（義大利）

伊吉尼歐‧馬薩里發揮他無邊無際的想像力，帶領他的顧客到甜食的世界一遊，並供應國內外的特色糕點。義大利以水果麵包潘尼多妮、鴿子麵包或黃金麵包pandoro…等各種傳統的食譜，以及多元的糕點和糖果為代表。

為何是松露巧克力蛋糕？

這道蛋糕代表義大利傳統的味道。我供應的是更簡約時髦的版本。這道「拿坡里千層派feuilleté napolitain」是我們店裡一心追求味道和口感的象徵。我將它視為「如音樂般動聽的甜點」。

PASTICC ERIA VENETO
Berscia (Italie)
www.iginiomassari.it

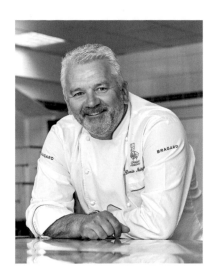

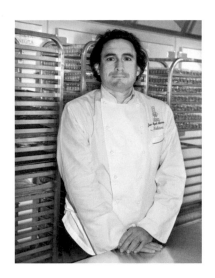

DENIS MATYASY
丹尼‧馬堤雅喜
（法國）

自20多年前開始，馬堤雅喜便在一家店裡聚集了各種技藝和專業技能：糕點師、熟食廚師、巧克力師、糖果師和冰淇淋師。不論是傳統或現代，巧克力口味或是水果口味，這裡供應的甜食結合了精緻的味道和瘋狂的創意。巧克力以頂級產地的可可以及最細心挑選的優質原料製作。

為何是心醉神迷？
這道多層蛋糕的味道是完美的搭配，這是我愛在餐後品嚐的一道甜點，因為它既清爽又帶有細緻的味道。甜酥派皮的酥、蛋白霜的脆、零陵東加豆甘那許的清爽，以及草莓果漬的濃滑，提供了絕妙的口感效果。這就是心醉神迷！

MATYASY
La Crau, Hyères, Toulon (Le Mourillon) et Sanary
www.matyasy.com

MIGUEL MORENO
米蓋爾‧莫雷諾
（西班牙）

「提供最好的」是店裡的慷慨理念。PASTELERIA MALLORCA真正出自馬德里，因為自1931年以來，我們在這裡找到可稱得上精緻美食的菜餚和糕點。一切都是味道、顏色、品質、巧妙和想像力。如今，PASTELERIA MALLORCA是歐洲最大的糕點和精緻糖果生產商之一。

為何是橙皮杏仁酥球和麻花甜甜圈？
這兩道配方是用來向我的國家致敬。對我來說，橙皮杏仁酥球就是頌揚卡斯提亞（Castille）的松子和馬科納（Marcona）美味杏仁的機會。我們供應的是較清爽的麻花甜甜圈版本，在西班牙傳統的食材上，特別添加一層薄薄的糖霜，讓它成為甜點。

PASTELERIA MALLORCA
Madrid, Pozuelo de Alarcon, Alcobendas et Las Rozas (Espagne) ; Mexico (Mexique) ; Tokyo (Japon)
www.pasteleria-mallorca.com

DAMIEN MOUTARLIER
達米安·蒙達利耶
（瑞士）

達米安為知名甜點師盧西安·蒙達利耶（Lucien Moutarlier）的兒子，他和他的兄弟們以才能確保了家族事業的傳承。他是味道的工藝師，也是藝術家，他以甜點的形式讓既美味又美觀的作品發展永垂不朽。他對技術的掌控，與承襲自父親，以及皮耶·艾曼等主廚的苛求精神，讓他大膽地結合不尋常的食材。

為何是栗子黑醋栗蒙布朗？
蒙布朗充分反映出我們山區的精神。我特別喜愛栗子和黑醋栗的結合，並帶有蛋白霜餅的酥脆，和馬達加斯加香草鮮奶油香醇的甜美。

CONFISERIE-PÂTISSERIE MOUTARLIER
Montreux, Chexbres, Lutry et Lausanne (Suisse)
www.moutarlier.ch

THIERRY MULHAUPT
堤耶希·穆洛
（法國）

在巴黎最知名的主廚身旁培訓，堤耶希·穆洛同時還去上夜間的美術課。他的糕點作品因而總是被視為藝術作品，味道就和裝飾一樣，都是由優雅和精準所構成。他特別懂得如何為他的香料麵包注入新的活力，巧妙地變化多種味覺的面向。

為何是咕咕霍夫？
我選擇分享這道來自家鄉的象徵性糕點，並依我個人的喜好加以調整。咕咕霍夫的發酵時間很緩慢，含大量的奶油，必須在最後一刻才進行烘烤。它會讓我們的早餐變得更令人心醉神迷！

為何是羅勒青檸塔？
「CVB」就是羅勒青檸（Citron Vert Basilic）。這大膽的組合從十年前開始就成為我們店裡象徵性的味道。我將它變化成各種形式。「塔」的版本在某種程度上是通往我美味世界的入口。

THIERRY MULHAUPT
Strasbourg, Colmar
www.mulhaupt.fr

JEFF OBERWEIS
杰夫・奧布韋斯
（盧森堡）

因其卓越而聞名五十多年的OBERWEIS甜點店，每月更新其鹹甜配方，讓每個季節都成為美味的節慶。少見的真誠和對細節的細心是他們的主要特色，先是彼得Pit和莫妮克Monique，接著是他們的兩個兒子湯姆Tom和傑夫Jeff，建立了真正屬於盧森堡美食認同的甜點店，並列入宮廷的供應商之一。

為何是卡布奇諾冰塔？

在想到要創造橢圓甜塔時，我便決定要重新採用這個概念來製作我的冰淇淋甜點。冰淇淋下的酥皮，以及略為縮減的高度，讓我們可以從冷凍庫取出時，在理想的溫度下快速分食享用。橢圓的形狀比起傳統的冰淇淋或圓形的塔派，要更容易切開。這樣的形狀也能製作出更吸引人，且充滿活力的裝飾，很適合擺在櫥窗裡展示。這是已經在我們茶沙龍所供應冰淇淋杯coupe glacee的味道組合，再重新詮釋。

OBERWEIS
Luxembourg (Luxembourg)
www.oberweis.lu

TAIHEI OIKAWA
及川太平
（日本）

及川太平在奧布韋斯（Oberweis）、維涅（Vergne）、費松（Fresson）和傑克（Jacques）等糕點店中習得了糕點的基礎，並鍛練出「糕點師的精神」。榮獲各大國際競賽獎項，這名經驗豐富的甜點師在他自己位於日本橫濱，寧靜且精美的街區店內展現他美味的作品。

為何是酥餅Croquants？

我熱愛堅果！我喜愛它們的味道、它們展現出來的酥脆和土地天然的香氣。當我在義大利進行示範講解時，發現我忘不了杏仁的味道，並試著在酥餅中重現這種感受，如此倚重感官的創作已經三十年了。

UN PETIT PAQUET
Yokohama (Japon)
www.un-petit-paquet.co.jp

YOSHINARI OTSUKA
大塚良成
（日本）

由米歐爾・班華斯傳授法式糕點專業技術的大塚良成，也沾染上對「甜食」的熱情。今日他仍遵循承襲而來的卓越，供應特色產品，並以同樣的理念構思他自己的作品。始終以食材的品質為優先，並結合其質地與味道，這就是他最大的樂趣。

為何是柳橙乾果蛋糕？
在我最早接觸歐洲美食時，在一本法式糕點的書中發現了真正觸動我心弦的水果蛋糕之美。我的靈感來自在阿爾薩斯習得的傳統乾果蛋糕（baereweke）食譜，並用香料和櫻桃酒來浸漬水果。我在這道蛋糕中放入了我對法國的所有敬重和欣賞。

PÂTISSERIE JACQUES
Fukuoka (Japon)
www.jacques-fukuoka.jp

LIONEL PELLÉ
里奧奈・比利
（黎巴嫩）

和在 Trianon（Angers 昂熱）培訓他七年的米歐爾・加羅耶 Michel Galloyer 合作，里奧奈・比利和科雷特・哈達 Colette Haddad 在貝魯特開了一間法式糕點店。他在那裡供應的菜單簡直就是法式專業技術的全貌，並為了盡可能滿足苛求的顧客而每年更新。

為何是肉桂皮力歐許？
我想供應一道與眾不同的皮力歐許，剖面美觀，而且外型獨特，有點像是芭芭。我特別希望能將這道甜點與黎巴嫩人嗜食的香甜，與肉桂的熱情相結合。

PÂTISSERIE CANNELLE
Beyrouth (Liban)
www.cannelle-patisserie.com

CÉDRIC PERNOT
塞堤克·皮諾
（法國）

這名麵包師的兒子低調但充滿熱情，很早就投入糕點的冒險，並在 Chambéry 創立他自己的店。他從那時開始投入 AU FIDÈLE BERGER，這家店在 1832 年被列為歷史古蹟。富有經驗的老饕立刻接受了他明確的風格：以味道為優先，介於細緻的酸和受控制的甜之間。除了幾項不可錯過的特色產品以外，塞堤克·皮諾全年都特別喜愛研發新的配方。

為何是芒果花蛋糕？

首先，芒果花蛋糕的味道、呈現出領花的外觀，以及它在菲律賓（即出產此檸檬 kalamansi 的國家）語，意味著「歡迎」，都讓人想要去旅行。它也代表我喜愛的糕點，酸味可以提味，並與芒果的甜形成對比。

AU FIDÈLE BERGER
Chambéry
www.aufideleberger.fr

REYNALD PETIT
雷諾·博蒂
（法國）

雷諾·博蒂的糕點與巧克力專賣店，是巧克力和糕點作品的代表。在知名餐廳裡受訓，他懂得結合技術的進步與手工的精確，如今已名列法國的典範。

為何是柑橘塔？

我是在我的妻子娜汀 Nadine 生日時，設計出這道簡單、美味、符合季節性，當然還有具節慶氣氛的甜點！經幾次的嘗試後，我選擇了一道塔，具有柑橘杏仁酥底的酥脆、柳橙慕斯林奶油醬的絲滑、杏仁奶油蛋糕體的柔軟，並用淡香草糖漿來浸漬葡萄柚和柳橙果瓣，以搭配水果的清爽。我獲得的最大獎賞：看到我妻子品嚐時心滿意足的模樣！

PÂTISSERIE REYNALD
Vernon
www.chocorey7.com

L'ATELIER
Création

創意工作坊

JEAN-PAUL PIGNOL
尚保羅·皮諾
（法國）

六十多年來，這間家族經營的甜點店，在工藝者的苦求中結合了企業家的果敢，在專業的精準度中結合了適度的想像力。為了避免單調—「企業的頭號敵人」，尚保羅·皮諾只堅信一件事：應觀察、聆聽、隨機應變，尤其是向前邁進，如此一來才能保持領先。這家店是該地區不可錯過的景點！

為何是炸薄餅？
過去，當一位過著楷模般生活的里昂人離世後，我們會形容：「他的靈魂已像炸薄餅般直達天堂。」因此，更確切地說，「炸薄餅 bugne」的意思是「傻瓜 benêt」！16 世紀，聖皮耶宮（palais Saint-Pierre）的修女們，在市中心製作這項不可錯過的特產，讓上述的經典名句繼續流傳下去。這些油炸小點心，傳統上會在節日時食用，尤其是在油膩的星期二（Mardi gras，狂歡節、懺悔節）。里昂的甜點師都有著慷慨的精神，仍會繼續向他們的料理傳統致敬！

PIGNOL
Lyon, Brignais, Villeurbanne et Écully
www.pignol.fr

DOMINIQUE PILATI
多明尼克·皮拉蒂
（法國）

一間企業裡人才越多，它的競爭力就越強！我們觀察到一件令人興奮的事：PÂTISSERIE PILATI 非常高興能享受日常生活的樂趣。在這裡，午餐、甜點、點心、精緻的巧克力或美味的作品，例如 Kroc télé（綜合堅果與果乾糖衣的組合）：都很吸引人！鹹食配方也和甜食一樣美味。

為何是草莓塔？
介於甜點和多層蛋糕之間，這道含大量卡士達奶油醬和柔軟杏仁蛋糕體的食譜，是經典草莓塔的美好替代版本。我們在十幾年前為了回應顧客的期待而打造這道塔，即是含有很多水果的糕點。這道食譜製作起來非常簡單，我在教授糕點課的時期就已經測試過了。我們只在草莓的旺季—法國人的季節！供應這道「塔」，但它的成功讓我想要加以變化…

PÂTISSERIE PILATI
Roanne

MICHEL POTTIER
米歇爾‧波堤耶
（法國）

創立於1822年的 PÂTISSERIE GRANDIN 懂得如何攏絡忠實的愛好者。全年供應的蛋糕、馬卡龍、糖果等，連最苛求的豪華飯店都為之陶醉。冬季由巧克力千層酥所主宰，接著到了夏季，則是異國水果和香草奶油慕斯的天下。

為何是巴黎布雷斯特泡芙？
在伊夫林（Yvelines）創造的巴黎布雷斯特泡芙，是著名的經典作品，永不退流行，其泡芙麵糊和帕林內奶油醬成為不變的典範。我用香草慕斯林奶油醬和當季水果（夏季是草莓或覆盆子）重新改造這樣的標準，同時保留其形狀和質地。

PÂTISSERIE GRANDIN
Saint-Germain-en-Laye
www.patisserie-grandin.fr

BERNARD PROOT
貝納‧布魯特
（比利時）

在 DEL REY，貝納‧布魯特及其團隊致力於以具精練線條，且現代化的作品來製造驚喜，並展現出符合傳統糕點標準的口感和味道。巧克力糖是這家美麗糕點店的特色產品之一。

為何是巧克力橙塔？
我選擇這道塔，是因為我喜歡杜絲巧克力奶油餡，和微酸柳橙之間的對比。在這道甜點中，我也欣賞奶油醬、蛋糕體和「酥脆」的比利時焦糖餅乾之間，微妙的口感差異。

DEL REY
Anvers (Belgique) et Tokyo (Japon)
www.delrey.be

LIONEL RAUX
里奧奈·胡
（法國）

里奧奈·胡履行巴斯克地區的糕點傳統，以櫻桃、香草或巧克力奶油醬來妝點，重新連結巴約訥（Bayonne）的巧克力傳統，他的巴斯克蛋糕跨越了地區的邊界。隨著季節，里奧奈及其團隊每天如此努力地在他們的鹹甜作品中結合美味、真實和天然的味道。

為何是巴斯克蛋糕？

這是我家鄉的特產，我心中最珍愛的食譜。在巴斯克地區，是我們在斷奶後吃的第一道糕點，也是我賣出最多的糕點。我花了一年多的時間，試圖找出適當的平衡。在這裡，不供應巴斯克蛋糕是件不可思議的事，它有點像是我們的通行證，是顧客用來評斷我們的甜點。我希望它用料慷慨，使用大量的奶油醬，表面是金黃酥脆的派皮，而內部柔軟。

PÂTISSERIE RAUX
Bayonne
www.patisserieraux.fr

JEAN-MICHEL RAYNAUD
尚米歇爾·雷諾
（澳洲）

尚米歇爾·雷諾從15歲開始，在馬賽的羅伯·希奇 Robert Schicchi 身旁展開他的職業生涯。在知名甜點師身邊以及在米其林星級餐廳裡工作後，他選擇動身前往探索新的地平線，並於1988年在澳洲定居。他的創作如今以突破極限為目標，將澳洲灌木和南太平洋的複雜味道，與法式糕點的經典藝術相結合。

為何是緋紅蛋糕？

店內的新品摻雜了不同國家文化的影響：盎格魯-撒克遜—柔軟的布朗尼、酥脆的外皮和茶湯的浸泡，以及法式糕點的經典—以桑葚慕斯林奶油醬和烤布蕾呈現。我總是喜愛天然的味道和口感，因此我選擇融合兩種既濃烈又微妙的味道（巧克力和桑葚），結合奶油醬的甜美，讓整體變得清爽；結合微酸，以強調果香並減少甜度。

LA RENAISSANCE
Sydney (Australie)
www.larenaissance.com.au

DANIEL REBERT
丹尼爾·羅伯
（法國）

象徵二種文化完美結合的展現，丹尼爾·羅伯混合其地區－法國與萊茵蘭（指德國西部萊茵河兩岸土地）的影響，為其糕點進行組合和調味。因此，冷杉樹蜜跨越了香料麵包；酥脆塔皮麵團的微量肉桂和果漬，如願地提升了檸檬的細緻度…

為何是黑森林蛋糕？
在修改他們最傳統的配方之一時，我向就近的萊茵蘭鄰居眨了眨眼。我添加了個人和法國的特色，並結合美學、味道與獨特，來將這道甜點昇華。

DANIEL REBERT
Wissembourg (France) et Engelhorn à Mannheim (Allemagne)
www.patisserie-rebert.fr

ROBERTO RINALDINI
羅貝多·雷納迪尼
（義大利）

羅貝多·雷納迪尼 2000 年在里米尼（Rimini）開了第一家店，接著在 2008 年開了第二家，之後 2010 年是在米蘭，2012 年在洛納托（Lonato），2014 年在佛羅倫斯，隔年在佩薩羅（Pesaro）。這名甜點主廚供應獨特的手工鹹甜作品，而且永遠採用新鮮優質的原料。

為何是含羞草蛋糕？
這道塔屬於傳統的義大利蛋糕，這是我製作的第一道食譜。這道糕點發明於 1950 年代，在國際婦女節之際製作。今日，我們全年都可以找到這道糕點，尤其是在義大利中心。別忘了含羞草花為這道糕點賦予美麗的外觀，以及細緻清爽的味道。

RINALDINI
Rimini, Milan, Firenze, Roma, Pesaro et Lonato (Italie)
www.rinaldinipastry.com

CHRISTOPHE ROUSSEL
克里斯多夫·胡塞爾
（法國）

以永不間斷的狂熱尋求新的味道，克里斯多夫·胡塞爾先是在世界各地工作，後來才規劃在拉波勒（La Baule）設置專櫃來擺放他的作品。始終忠於他的信條—質樸而慷慨，他變化出一系列新穎的馬卡龍、色彩繽紛的糕點、外觀獨特的巧克力，並發展出令人大吃一驚的組合。

為何是亞洲花塔？

這道糕點是我和妻子茉莉Julie多次合作的結晶，她是飲食領域的「好鼻師」。我也是和她一起發現了桂花，亞洲一種帶有果香的花，並具有非常接近杏桃果醬的微酸味道。十年來我們一起致力於產品的創造。

CHRISTOPHE ROUSSEL
La Baule, Guérande, Pornichet, Pornic et Paris
www.christophe-roussel.fr

ALAIN ROUX
亞倫·胡
（英國）

出身於主廚家庭的亞倫·胡，先是在最知名的飯店受訓，之後才到河畔飯店與他的父親米歇爾Michel碰頭，並承擔管理的責任。在這間國際知名的美食餐廳裡，他帶著熱情變化出定期更新的菜單，將「頂尖糕點」發揚光大。

為何是薩塞克斯布丁？

這道冬季的甜點擺盤簡單，但如此味美，令人難以抗拒。它亦能搭配微溫的英式奶油醬、一盅打發鮮奶油（crème fleurette）或一球香草冰淇淋，後者可緩和其厚重感與酸度。以牛油、焦糖和檸檬為基底的組合非常可口。當以大型淺湯盤擺盤時，布丁會塌陷，再度處於一「灘」的焦糖中。我們可用橘子來取代檸檬，並添加蘋果、香料等來增加個人特色。

THE WATERSIDE INN
Bray on Thames (Grande-Bretagne)
www.waterside-inn.co.uk

RICHARD SÈVE
理查‧塞夫
（法國）

理查‧塞夫1999年在隆河阿爾卑斯地區（Rhône-Alpes）被選為最佳糕點師，並於2016年被巴黎巧克力愛好者俱樂部選為「不可錯過的巧克力師」，他是潮流設計師，也是祖傳食譜的保證。從傳統的金丘石帕林內塔（tartes à la praline à La Pierre des Monts d'Or），到創新的鹹馬卡龍，這一切美食都來自他非常高科技的bean to bar（從可可豆到巧克力）製作實驗室。他要求標示「低可可含量low cacao」，並尊重家庭種植的自然循環和生物多樣性，審慎地進行品嚐。

為何是正宗紅杏仁糖塔？

1905年，在本店創始之初，一名前衛的甜點大師設計出一種帶有當地玫瑰園色彩的旅行蛋糕，能經得起里昂絲綢廠主代步馬車的顛簸。在製作這道蛋糕時，他搜出當年的離心機並加以修復，利用這台機器再度供應這道以精選優質食材製作的著名塔點。

PÂTISSERIE SÈVE
Lyon
www.chocolatseve.com

NORIHIKO TERAI
寺井則彥
（日本）

簡單而實在，精練並受到國際影響的啟發，寺井則彥的糕點就和他本人的形象一樣。知名糕點店「AIGRE DOUCE」是他長期的心血結晶，在甜食的專櫃裡，重返兒時的樂趣與現代作品並列。「Le meilleur pour faire le meilleur盡善盡美」就是這名日本天才甜點師的理念，他再度讓旅行蛋糕變得符合潮流，讓所有同行都從如此美味的蛋糕中得到啟發。

為何是栗子蛋糕？

在這款蛋糕中，我使用了栗子醬，但不添加麵粉，因為我想形成柔軟的質地，並讓味道更加濃郁。

為何是香料麵包？

這道食譜，我盡可能利用蜂蜜的味道和香料的芳香幅度，來製作帶有現代精神且更清爽的香料麵包。

AIGRE DOUCE
Tokyo (Japon)

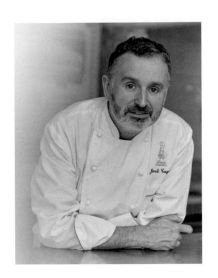

AURÉLIEN TROTTIER
歐黑利·托堤耶
（法國）

這位充滿熱情的糕點師供應結合獨特性與專業技能的產品。年輕的歐黑利·托堤耶的美味糕點店，是真正能夠展現其工作成果的寶庫。

為何是瑪德蓮？
我是如此喜愛瑪德蓮，我可以每天都吃！它是店內的招牌產品之一，我用馬達加斯加香草莢為它們調味，賦予一種精緻高雅的味道。這道金黃瑪德蓮的食譜受到大人小孩的喜愛，超柔軟的質地讓這道糕點隨時隨地品嚐都適合。

ARTISAN PASSIONNÉ
« CHOCOLATS & PÂTISSERIES CRÉATIVES »
Angers, Cholet et Les Ponts-de-Cé
www.artisanpassionne.com

JORDI TUGUES
喬帝·杜克
（西班牙）

這家創立於1967年的家族甜點店，因供應多元的糕點和糖果，以及熟食冷肉而建立起名聲。喬帝·杜克重掌這家企業，並繼續結合傳統與創新。

為何是加泰隆尼亞烤布蕾？
加泰隆尼亞布丁是我們傳統的甜點，特別會在父親節當天品嚐。我們以烤箱烘烤不加澱粉版本的加泰隆尼亞烤布蕾，它因此變得更無負擔且平滑。

TUGUES
Lleida (Espagne)
www.tugues.com

◆

MARCO VALIER
馬可・瓦利耶
（奧地利）

在馬可・瓦利耶的店裡，手工蛋糕和甜點的選擇永無止盡，從輕盈的義大利水果麵包潘尼多妮panettone到具豐富變化的手工杏仁糖都有。由這名甜點師供應的美味提洛爾（Tyrol）特產，充分證明了這間店的名不虛傳。

為何是香草新月？

香草新月，或稱香草新月餅乾，是屬於奧地利傳統的聖誕小糕點。它們是我料理傳統的一部分，由維也納的麵包師發明，目的是向對抗土耳其的勝利致敬。

PÂTISSERIE VALIER
Innsbruck (Autriche)
www.konditorei-innsbruck.at

ÉRIC VERGNE
艾瑞克・維涅
（法國）

五十年來，PATISSERIE VERGNE 培養出卓越和美食的樂趣，儘管這家店原本是糕點店，但隨著時間已成為享譽整個法國東部的巧克力專賣店。不論是巧克力、蛋糕，還是熟食，都令人食指大動、引發好奇心，而且都同樣受到矚目。

為何是荷蘭巴西利亞馬卡龍？

在巴黎馬卡龍熱潮的騷動當中，我們選擇讓維涅馬卡龍的製作永垂不朽，而這就是我們的招牌。這道「另類馬卡龍L'Autre Macaron」的配方是由喬治所研發，即這間店的創始人，並為我們贏得了活文化遺產企業（Entreprise du Patrimoine vivant）的標籤。杏仁、蛋白，只要再加上糖和一道獨特的程序，就能為這含有大量創意餡料，並令人上癮的甜食賦予風格獨具的外觀。

PÂTISSERIE VERGNE
Audincourt, Montbéliard et Belfort
www.patisserie-vergne.fr

PAUL WITTAMER
保羅·維塔默
（比利時）

1910年由保羅·維塔默創立，這個家族企業今日由他的孫子們：米希亞Myriam和保羅Paul所管理。每天甜點師們都會改良手工與創新，這正是成功的祕訣。出於這樣的組合，新口味的馬卡龍每年都會成為這家皇室御用甜點店的招牌商品之一。

為何是金磚蛋糕 le Lingot d'or?

這道我於1968年發明的蛋糕，靈感來自我開餐廳的朋友皮耶·韋南Pierre Wynants他米其林星級餐廳Le Comme chez soi的甜點。自這道蛋糕構思以來，折疊麵團、香草奶油醬、新鮮水果和焦糖蛋白霜的組合，永遠都是如此受歡迎！

WITTAMER
Bruxelles (Belgique) et Japon (21 boutiques)
www.wittamer.com

ROLAND ZANIN
羅蘭·贊南
（法國）

1999年至2013年間，羅蘭·贊南這位興趣廣泛的藝術家兼工藝師，在他開業的二間店裡歡迎美食家和老饕。他創意獨具的糕點和味道細緻的糖果，確實令人想一探究竟。在他的甘那許中，毫不遲疑地運用香料，將莫希托雞尾酒（mojito）轉變成…馬卡龍！

為何是帕希翁 le Prarion?

某次造訪一位法國甜點協會友人的家，我嚐到一道甜點，味道和我母親在我們小時候隨興做的甜點很相像。我為我的孫女愛瑪Emma重新製作了這道甜點，她非常喜歡，而且她住在芬蘭，一個有很多藍莓的地區。這道糕點便以其位於白朗峰山脈的一座山為名，人們可以在此地找到很多如同我使用的野生藍莓。

ZANIN
Le Fayet et Cluses
www.zaninchocolatier.fr

附録

ANNEXES

TABLES DES RECETTES 食譜列表

LA QUÊTE DES MEILLEURS PRODUITS
追求最佳品質

TABLES DES PRÉCISIONS 精準細節

糕點的製作是一門講求精確的藝術,因此蛋的份量會以公克來表示。蛋的重量會依品種和產地而有所不同,只標明蛋、蛋白和蛋黃的顆數是不可靠的。

TABLES DES CHEFS 主廚列表

REMERCIEMENTS
致謝

帶來啟發

感謝協會會長 Frederic Cassel 費德烈克‧卡塞提出這個合作撰寫本書的絕妙概念，和大家分享 Relais Desserts 法國甜點協會講究的美食世界。

集結最好的食譜和最好的主廚

感謝法國甜點協會所有提供一己之力的糕點師們，他們有時長途跋涉來參與甜點的拍攝，配合我們主持這儀式的藝術編排 Coco Jobard 可可‧喬巴嚴苛的要求，而且還不忘穿上他們正式的廚服來參與肖像照的拍攝。

充滿創意並苛求

我對驚人的藝術團隊無限感激：負責攝影的 Laurent Fau 洛宏‧弗、由 Sarah Vasseghi 莎拉‧凡賽依協助，進行藝術風格設計的 Coco Jobard 可可‧喬巴。他們不畏路途遙遠，至法國、義大利、西班牙各地，拍出本書精華的美麗照片。他們懂得重現動作的精準，以及從每張作品中流露出來對美食的渴望。

揀選優質食材

感謝瑪蒂尼耶出版社在這龐大的計畫中，用耐心和諒解陪伴。特別感謝 Charlotte Court 夏洛特·庫爾，感謝她能夠理解我們想為這本書賦予的精神，感謝 Laurence Maillet 洛倫絲·馬雷能夠用圖文加以詮釋，並感謝 Bénédicte Bortoli 貝妮迪特·波托利能夠以優美的文字加以傳達。

用指尖掌控技術

感謝 Frederic Cassel 費德烈克·卡塞研發部門的負責人 Grégory Quéré 桂高里·蓋黑，他準備並製作了本書最後出現的精準細節。他懂得透過專長和苛求，傳遞優美的甜點師手勢。

巧妙地結合

感謝 Marie Loones 瑪希·露娜充當我們的瑞士刀和我們的「定型劑」。為所有參與者建立連結，她讓這本書得以實體化。

縱情享用吧！

感謝所有樂於翻閱這些美味書頁並品嚐我們頂尖糕點的讀者們。

系列名稱 / MASTER
書　名 / HAUTE PÂTISSERIE 頂尖糕點：
收錄全球最佳糕點主廚的100道作品
作　者 / Relais Desserts 法國甜點協會
出版者 / 大境文化事業有限公司
發行人 / 趙天德
總編輯 / 車東蔚
文　編 / 編輯部
美　編 / R.C. Work Shop
翻　譯 / 林惠敏
地　址 / 台北市雨聲街77號1樓
TEL / (02)2838-7996
FAX / (02)2836-0028
初　版 / 2020年1月
定　價 / 新台幣1500元
ISBN / 978-986-98142-2-5
書　號 / M 18

讀者專線 / (02)2836-0069
www.ecook.com.tw
E-mail / service@ecook.com.tw
劃撥帳號 / 19260956大境文化事業有限公司

Haute Pâtisserie, 100 créations par les meilleurs chefs pâtissiers
©2017, Editions de La Martinière, une marque de la société EDLM, Paris
for the text relating to recipes and techniques, the photographs and illustrations, foreword.
All rights reserved.

支援協力

Relais Desserts
www.relais-desserts.net

國家圖書館出版品預行編目資料
HAUTE PÂTISSERIE
頂尖糕點：收錄全球最佳糕點主廚的100道作品
Relais Desserts 法國甜點協會　著；--初版.--臺北市
大境文化，2020 384面；22×28公分（MASTER：18）
ISBN 978-986-98142-2-5（精裝）
1.點心食譜
427.16　　108020042

Crédits photographiques :
Les photos de cet ouvrage ont été réalisées par Laurent Fau,
à l'exception des photos du chapitre Précisions, réalisées par Catherine Madani.

Mise en scène artistique et rédaction des recettes :
Coco Jobard

Rédaction des Précisions, des produits et des portraits de chefs : Bénédicte Bortoli

Relecture et correction : Carole Daprey

Conception et réalisation graphique :
Laurence Maillet

請連結至以下表單填寫讀者回函，將不定期的收到優惠通知。